Kurzgefaßte
Elektrizitätswirtschaftslehre

Von

Dr. techn. E. Königshofer
Wien

Mit 17 Textabbildungen

Springer-Verlag Wien GmbH 1952

ISBN 978-3-7091-3916-5　　ISBN 978-3-7091-3915-8 (eBook)
DOI 10.1007/978-3-7091-3915-8

Alle Rechte, insbesondere das der Übersetzung
in fremde Sprachen, vorbehalten

Vorwort

Das vorliegende Büchlein will nicht mehr sein als eine Einführung in die Elektrizitätswirtschaftslehre, es will somit nur die Grundbegriffe dieser Lehre vermitteln, ihre Aufgaben aufzeigen und nicht in die Diskussion über umstrittene Fragen eingreifen. Als Begründung seines Erscheinens ist einerseits das Fehlen eines Buches, das die Elektrizitätswirtschaftslehre als selbständiges Kapitel der Volkswirtschaftslehre anerkennt und behandelt, anderseits das Interesse weiter Kreise für die Elektrizitätsversorgung diesseits und jenseits der eigenen Staatsgrenzen anzuführen. Dieses Interesse wieder findet seine Begründung in der Unzulänglichkeit dieser Versorgung und in der Erkenntnis, daß die elektrische Energie nicht in jenem Maße zur Hebung des Lebensstandards, als Kultur- und Zivilisationsfaktor in Erscheinung tritt, in dem sie hiezu in der Lage wäre. Die Elektrizitätsversorgung ist eine Angelegenheit, die im gleichen Maße Produzenten und Konsumenten bewegt. Das Büchlein wendet sich an alle, die direkt oder indirekt dem Ausbau der Elektrizitätswirtschaft Interesse entgegenbringen. In dem Bestreben, den Umfang des Büchleins knapp zu halten, wurde nur das Wesentlichste darin besprochen, das allseitiges Interesse beanspruchen darf.

Meinem Kollegen, Herrn Dipl.-Ing. L. Bauer, danke ich herzlichst für seine Anregungen.

Wien, im Sommer 1952.

E. Königshofer

Inhaltsverzeichnis

	Seite
Der Aufgabenkreis der Elektrizitätswirtschaftslehre	1

I. Die Technik der Stromversorgung 4
  A. Die Erzeugung der elektrischen Energie 4
    1. Die kalorische Stromgewinnung 6
      a) Die Brennstoffe und ihre Verwertung 6
      b) Dampfmaschinen und Dampfturbinen 7
      c) Gas- und Dieselmotoren 9
      d) Die Gasturbinen und die Heißluftturbinen 10
      e) Die Stromerzeuger oder Generatoren 12
      f) Das kalorische Kraftwerk 13
    2. Die hydraulische Stromerzeugung 15
      a) Allgemeines 15
      b) Die Wasserkraftmaschinen 16
      c) Die Wasserkraftanlagen 18

  B. Elektrische Grundbegriffe 20
    1. Das Gleichstromsystem. Leistung und Arbeit 20
    2. Wechselströme, Frequenz, das einphasige System ... 21
    3. Das Drehstromsystem, verkettete und unverkettete (Phasen-)Spannung 22
    4. Der Blindstrom und der Leistungsfaktor $\cos \varphi$ ... 25
    5. Transformation oder Umspannung 31

  C. Die Stromfortleitung und Verteilung 32

  D. Die Verwertung der elektrischen Energie 34
    1. Allgemeines 34
    2. Anteil der elektrischen Energie an der Gütererzeugung . 36
    3. Der spezifische Stromverbrauch 37
    4. Die Feststellung des Verbrauches an elektrischer Energie 38

II. Die Elektrizitätswirtschaft 40
  A. Die Grundlagen der Elektrizitätsversorgung 40
    1. Das Versorgungsgebiet; ortsgebundene, überörtliche und großräumige Elektrizitätsversorgung 41

Inhaltsverzeichnis

	Seite
2. Verbrauch und Bedarf an elektrischer Energie	43
3. Die Energiequellen der Stromerzeugung	44
a) Die Wasserkraft	46
b) Die Kohle	51
c) Gasförmige Brennstoffe	54
4. Der Konsum. — Die Verbrauchergruppen	56

B. Die Strompreisgestaltung ... 61
 1. Allgemeine Betrachtungen ... 61
 2. Die Kosten der Stromerzeugung ... 66
  a) Kapitalkosten und Dividende ... 66
  b) Rücklagen ... 68
  c) Betriebskosten ... 69
  d) Brennstoffkosten ... 69
  e) Betrachtungen über die Anteile der Stromerzeugungskosten ... 70
 3. Die Kosten der Stromfortleitung und -verteilung ... 73
 4. Die Stromtarifsysteme ... 74
  a) Das Grundpreistarifsystem und das Leistungstarifsystem ... 76
  b) Das Pauschaltarifsystem ... 80
  c) Das Zeittarifsystem ... 80
  d) Das Zählertarifsystem ... 81
  e) Abarten des Grundpreistarifsystems ... 82
  f) Sondertarife ... 82
 5. Die Stromtarife ... 84
  a) Allgemeine Betrachtungen ... 84
  b) Eine zahlenmäßige Tarifermittlung ... 86
  c) Abrechnungsarten des Stromverbrauches; Kundendienst ... 93
  d) Anteil der Stromkosten an den Gestehungskosten der Gebrauchs- und Industrieartikel ... 94
  e) Exportstrompreise ... 95
  f) Die Tarifierung des Blindstromes ... 96

III. Die Organisation der Elektrizitätsversorgung ... 99

A. Allgemeine Organisationsfragen ... 99
 1. Ist die Elektrizitätsversorgung der Privatinitiative zu überlassen oder hat sie durch die öffentliche Hand zu erfolgen? ... 101
 2. Zentral gelenkte oder dezentralisierte Elektrizitätsversorgung? ... 102
 3. Beratung oder vollkommene Beherrschung der Elektrizitätsversorgung durch die öffentliche Hand? ... 103
 4. Fragen der Kapitalaufbringung ... 104
 5. Verstaatlichung, Sozialisierung ... 106

Inhaltsverzeichnis VII

Seite

B. Wirtschaftspolitische Fragen 108
 1. Elektrizitätswirtschaftspolitik und Tarifpolitik 108
 2. Die Verbundwirtschaft 110
 3. Die Kupplungsverbundwirtschaften 113

C. Technisch-wirtschaftliche Fragen der Elektrizitätsversorgung 115
 1. Der Lastverteiler 115
 2. Die Beurteilung des Bedarfes und der verfügbaren Energien 116
 3. Reihenfolge des Einsatzes der Kraftwerke und der Maschinensätze 120
 4. Stromsparmaßnahmen 122

Schlußwort 123

Sachverzeichnis 126

Der Aufgabenkreis
der Elektrizitätswirtschaftslehre

Es erscheint gerechtfertigt, der Elektrizitätswirtschaft ein eigenes Kapitel innerhalb der Volkswirtschaftslehre, d. i. jene Lehre, welche die Erzeugung und den Verbrauch aller Güter zu studieren und im Interesse der Allgemeinheit zu regeln hat, einzuräumen. Hiedurch geraten wir allerdings in Gegensatz zu der allgemein geübten Praxis, die Elektrizitätswirtschaftslehre als ein Unterkapitel der Energiewirtschaftslehre aufzufassen. Maßgebend für die Gliederung der Volkswirtschaftslehre in selbständige Kapitel dürfen grundsätzlich nur die Eigenschaften der zu behandelnden Güter sein.

Das von der Elektrizitätswirtschaftslehre zu behandelnde Gut ist — ohne in Betrachtungen physikalischer Natur einzugehen — die Elektrizität bzw. die elektrische Energie oder der mit ihnen zu identifizierende elektrische Strom, der im stromleitenden Material mit Lichtgeschwindigkeit zu fließen vermag und einerseits durch besondere Geräte — Strommesser und Leistungszeiger — nachgewiesen und in seiner Größe erfaßt werden kann und anderseits durch Messung erfaßbare Leistungen zu vollbringen vermag (die Glühbirne zum Erleuchten zu bringen, den Motor in Bewegung zu setzen).

Wie noch zu erläutern sein wird, weist die elektrische Energie technische Eigenschaften auf, die keine der anderen verwendeten Energiearten besitzt, so daß die gemeinsame Erfassung der Elektrizitätswirtschaft, der Wärmewirtschaft, der Gaswirtschaft usw. in das gemeinsame Kapitel „Energiewirtschaftslehre" der Volkswirtschaftslehre bloß auf der formalen Begründung durch die Definition einer physikalischen

Größe — der Energie — fußt und volkswirtschaftlich nicht gerechtfertigt ist. Unter den Eigentümlichkeiten der Elektrizität sei schon an dieser Stelle an eine markante, für die Elektrizitätswirtschaft besonders wichtige hingewiesen: Außer den eine Leistung im gebräuchlichen Sinne des Wortes vollbringenden Strömen zirkulieren in unseren Netzen auch Ströme, die eine solche nicht zu vollbringen vermögen und die deshalb nicht als Energien im üblichen Sinne zu werten sind, die aber dennoch Energien im physikalischen Sinne erzeugen und entsprechend ihrer praktischen Bedeutung für die Elektrizitätsversorgung von der Elektrizitätswirtschaftslehre mitzubehandeln sind, das sind die Blindströme bzw. die Blindleistungen oder Blindenergien.

Aber auch Überlegungen rein volkswirtschaftlichen Wesens lassen es gerechtfertigt erscheinen, der Elektrizitätswirtschaftslehre ein eigenes Kapitel der Volkswirtschaftslehre einzuräumen: Die Kosten der Elektrizitätsversorgung und ihre Einnahmen müssen durch Maßnahmen wirtschaftlicher und technischer Natur in ein solches Verhältnis gebracht werden, daß die letzten die ersten (Betriebsführungskosten, Tilgung des investierten Kapitals, Instandhaltung der Anlagen, Hebung der Sicherheit des Betriebes durch die Ausnützung aller verfügbaren technischen Verfahren usw.) decken. Durch das Zusammenfassen von Elektrizitäts-, Wärme- und Gaswirtschaft in die Energiewirtschaft kommt der Volkswirtschafter in die Versuchung — wie es auch der Fall der *Electricité de France* beweist — die Elektrizitätswirtschaft zur Deckung von Verlusten anderer Wirtschaftszweige heranzuziehen.

Durch die Loslösung der Elektrizitätswirtschaftslehre von den Lehren sonstiger Energien soll aber die gegenseitige Verquickung der Probleme, die alle diese Energiearten aufwerfen, nicht übersehen und die volkswirtschaftlich richtige gemeinsame Lösung gesucht werden.

Der Aufgabenkreis der Elektrizitätswirtschaftslehre

Volkswirtschaftliche Überlegung über einen Bedarfsartikel lassen sich erst dann anstellen, wenn die Bedeutung desselben, seine Brauchbarkeit bzw. Notwendigkeit richtig beurteilt werden, seine Erzeugungmöglichkeiten richtig gewertet und seine Eigenschaften und Eigentümlichkeiten richtig und vollkommen erfaßt werden. Alle diese, an der elektrischen Energie anzustellenden Betrachtungen — die Technik der Elektrizitätsversorgung, worunter die Erzeugung und die Gebrauchsmöglichkeiten verstanden seien — zeigen die besonderen, anderen Energiearten nicht anhaftenden Eigenschaften der elektrischen Energie auf und begründen die Notwendigkeit der Loslösung der Elektrizitätswirtschaftslehre von der allgemeinen Energiewirtschaftslehre. Sie seien unter I angestellt.

Das Vertrautsein mit den Grundsätzen der Elektrizitätsversorgungstechnik leitet zur Erkenntnis jener Begriffe, die jedem elektrizitätswirtschaftlichen Denken zugrunde liegen müssen: Versorgungsgebiet, Bedarf und Verbrauch (zwei verschiedene Begriffe, die bedauerlicherweise allzuoft identifiziert werden), wirtschaftliche Eignung der naturgegebenen Energiequellen für die Stromgewinnung usw. Diese Begriffe und die Tendenzen der Stromversorgung besorgenden Rechtsperson ergeben „elektrizitätswirtschaftliche Denkungsarten", aus welchen die einzuschlagende „Elektrizitätswirtschaftspolitik" resultiert. Der mit diesen Begriffen vertraute Elektrizitätswirtschafter kann nunmehr an die Strompreisfrage herantreten und Stromkosten, die den übernommenen Verpflichtungen — insbesondere der Selbsterhaltung der Elektrizitätsversorgung — entsprechen, ermitteln. Alle diese Begriffe und Gedankengänge sollen unter II erläutert werden.

Schließlich wirft die Elektrizitätsversorgung Fragen der zweckmäßigsten Organisation auf, die nicht nur vom technischen, sondern auch vom wirtschaftlichen Gesichtspunkte aus zu erledigen sind. Mit ihnen beschäftigt sich der Hauptabschnitt III.

Das Schlußwort soll den Elektrizitätswirtschafter davor warnen, durch die ihm bekanntgewordenen Grundsätze und Lehren dem Boden der jeweiligen Tatsachen zu entgleiten und sich unerfüllbare Ziele zu stecken.

I. Die Technik der Stromversorgung

Die Elektrizitätsversorgungstechnik umfaßt:
die *Erzeugung* des elektrischen Stromes,
seine *Fortleitung* nach meistens ein- oder mehrmaligem Umspannen oder Transformation an der Erzeugungsstelle und seine *Verteilung* nach der Transformation auf die Gebrauchsspannung im Bereiche des Verbrauchers, schließlich die *Verwertung* der elektrischen Energie.

Über die Erzeugung des elektrischen Stromes handelt der Unterabschnitt A. Vor dem Eingehen in die Fortleitung und Verteilung (Abschnitt C) bzw. Verwertung der elektrischen Energie (Abschnitt D) seien unter B elektrische Grundbegriffe erläutert, insbesondere der Blindstrom, dessen Verständnis erfahrungsgemäß dem Nichtfachmann gewisse Schwierigkeiten bereitet, eingehend behandelt. Hiezu liegt auch Veranlassung dadurch vor, daß die Tarifbestimmungen zu wenig Rücksicht auf den Blindstrom nehmen und hiedurch die Betriebsbedingungen der elektrischen Anlagen ungünstig beeinflussen. Es ist unvermeidlich, bei der Besprechung des Blindstromes anscheinend weit auszuholen.

Die nachfolgenden technischen Erläuterungen dienen nur dem Elektrizitätswirtschafter zur Einführung und beanspruchen nicht, eine vollständige technische Abhandlung zu sein.

A. Die Erzeugung der elektrischen Energie

Es ist nicht zutreffend, von der „Erzeugung" elektrischer Energie zu sprechen: Energie wird nicht erzeugt, sie ist in einer feststehenden Menge naturgegeben und läßt sich nur von einer Form in eine andere bringen. Es soll dennoch

Die Erzeugung der elektrischen Energie 5

unterlassen werden, von der „Umformung der Energie" zu sprechen und der bereits allgemein eingeführte Ausdruck beibehalten werden. Elektrische Energie läßt sich somit nur dann gewinnen, wenn ein Energievorkommen besteht und wenn über die erforderlichen Einrichtungen verfügt wird, welche die angestrebte Umformung zulassen. Für die Umformung verfügbarer Energien in elektrische Energie in großen Mengen, mit welchen sich die Elektrizitätswirtschaftslehre ausschließlich beschäftigt, wurden die folgenden Energien in Vorschlag gebracht: 1. die Wasserkraft, 2. feste Brennstoffe, und zwar die verschiedensten Kohlensorten (hauptsächlich Steinkohle und Braunkohle) und Holz, 3. flüssige Brennstoffe, hauptsächlich Dieselöl, 4. gasförmige Brennstoffe, wie Erdgas, Abfallgase, 5. Ebbe und Flut, 6. die Windkraft, 7. die Atomkraft.

Die letzten drei Energiearten können aus den nachfolgenden Betrachtungen ausgeschaltet werden: Ebbe- und Flutwerke sind in der theoretischen Erfassung und praktischen Durchbildung nicht entwickelt; die Windkraft erfordert wegen der geringen, den bewegten Luftmassen innewohnenden lebendigen Kraft räumlich ausgedehnte Anlagen, die sich nur schwer betriebssicher beherrschen lassen. Die Atomkraft ist in geheimer, nicht so weit gediehener Entwicklung begriffen, um in absehbarer Zeit für praktische Zwecke (Stromerzeuger, Industriebetriebe) in Frage zu kommen. Unter den Brennstoffen scheiden die flüssigen für die Großkraftgewinnung aus, da sie den Wettbewerb mit den festen wirtschaftlich nicht bestehen können. Außerdem stehen sie der Menschheit nur in begrenzter Menge zur Verfügung. Die Vorkommen an Erdöl werden verschieden hoch, u. a. mit nur 8 Millionen Tonnen geschätzt und könnten den Weltbedarf nur mehr für zwei Jahrzehnte decken. Sie sind demnach nur dort einzusetzen, wo sie durch andere Energien nicht ersetzt werden können. Die gasförmigen Brennstoffe, wie das naturgegebene Erdgas und Abfallgase diverser technischer Vorgänge, werden fallweise für die Stromgewinnung herangezogen.

Die wichtigsten, für die Stromgewinnung verfügbaren Energien sind somit die *Wasserkräfte*, die sich stets erneuern, die *Kohle* und fallweise die *gasförmigen Brennstoffe*, die sich allmählich erschöpfen. Unsere Betrachtungen werden sich auf diese beschränken.

Des leichteren Verständnisses halber sei die Besprechung der kalorischen Stromgewinnung vorangestellt.

1. Die kalorische Stromgewinnung

a) **Die Brennstoffe und ihre Verwertung.** Die in der Form von Wärme aufscheinende Energie ist in den Brennstoffen gebunden und wird durch Verbrennung oder Explosion frei. Die Brennstoffe treten in der festen Form als Kohle in ihren verschiedenen Abarten, in der flüssigen Form als Erdöl und seine Erzeugnisse, in der gasförmigen Form als Erdgas, Abfallgas verschiedener chemischer Verfahren und als Erzeugnisse der Erdölraffinierung auf.

Die Brennstoffe werden entweder als Heizmittel zur Erzeugung eines Energiezwischenträgers, das ist der Dampf, oder unmittelbar als Treibstoff (Benzin, Dieselöl usw.) verwendet.

Kennzeichnend für einen Brennstoff ist sein Heizwert und seine Zusammensetzung. Hierauf sei in den folgenden Abschnitten bei der Beurteilung seiner Wirtschaftlichkeit und seiner Verwendung noch hingewiesen.

Bahntransportfähige Brennstoffe, wie Kohle, das Erdöl und seine Raffinierungsprodukte stellen es dem Erbauer von Kraftwerken frei, dieses an der Fundstelle der Brennstoffe (Kohlengruben), am Orte ihrer Aufbereitung (Raffinerien) oder beim Stromverbraucher zu errichten. Gasförmige Brennstoffe werden entweder durch ein Rohrnetz den Verbrauchern zugeführt oder am Fund- bzw. Gestehungsort verwertet. Die Kraftwerke, die abseits der Brennstoffvorkommen gebaut

Die Erzeugung der elektrischen Energie 7

sind, bedingen die Errichtung von Lagern für die Bereitstellung einer ausreichenden Brennstoffmenge (siehe folgendes).

b) **Dampfmaschinen und Dampfturbinen.** Die Energie des Brennstoffes wird durch den Verbrennungsprozeß bzw. durch den Verdampfungsprozeß des Wassers dem Dampf übertragen. Die dem Dampf innewohnende Energie kann in der potentiellen oder in der kinetischen Erscheinungsform auftreten. Die potentielle Energie des Dampfes kann dadurch ausgenützt werden, daß ein Expansionsdruck zur Überwindung äußerer Widerstände herangezogen wird. Dies erfolgt in den Dampf*maschinen*. Wird hingegen der Expansionsdruck adiabatisch ausgenützt, (d. h. während der Ausdehnung des Dampfes findet kein Wärmeaustausch statt), so wird der Druck in Geschwindigkeit umgesetzt: Die Dampfströmung vermag die gleiche Arbeit zu leisten wie vor deren Umformung der Druck. Der Dampf wird durch seine kinetische oder Strömungsenergie in der Dampf*turbine* ausgenützt.

Im Zylinder der Dampfmaschine wird der Kolben durch den Dampfdruck in eine hin- und hergehende Bewegung versetzt, die im Wege eines Gestänges in die rotierende Bewegung der Welle umgeformt wird. Das Hin- und Herbewegen von Massen ist mit der Erscheinung der Änderung ihrer Bewegungsgeschwindigkeit der Richtung und Größe nach, d. h. mit der Ungleichförmigkeit der Wellendrehbewegung verbunden. Wohl gleicht das Schwungrad diese Ungleichförmigkeit aus, jedoch nur begrenzt, so daß sich eine restliche Ungleichförmigkeit nicht vermeiden läßt, die im Parallellauf von Maschinen gewisse Schwierigkeiten bereitet.

Folgende Eigenschaften kennzeichnen eine Dampfmaschinenanlage:

Anzahl der Zylinder und ihre Anordnung (parallel oder hintereinander, d. h. Tandem), die Leistung der Maschine, die Bauart (liegend oder stehend), einfach oder doppeltwirkend, die Drehzahl, der Eintrittsdruck des Dampfes.

Die Anwendung der Dampfmaschinen beschränkt sich auf relativ kleine Einheiten.

Der Dampfturbinenläufer wird durch die Dampfeinwirkung in unmittelbare Rotation versetzt. Die Turbine kann daher wesentlich raschlaufender ausgelegt werden als die Dampfmaschine. Sie wird gewöhnlich mit dem Generator — der in diesem Falle Turbogenerator genannt wird — direkt gekuppelt. Die Einhaltung der festgelegten Periodenzahl legt dem Turbosatz bestimmte Drehzahlen auf. Als solche kommt hauptsächlich 3000 zur Anwendung, wohl nur ganz ausnahmsweise 1500. Fallweise werden die Turbinen für eine über 3000 gelegene Drehzahl ausgelegt, in welchem Falle zwischen Turbine und Generator ein Zahnradgetriebe vorgesehen wird.

Folgende Charakteristika werden für jede Dampfturbine angegeben:

Dauerleistung (diese wird zweckmäßig mit der elektrischen Leistung des Turbogenerators in kW identifiziert, obwohl sie infolge der Kupplungsverluste etwas größer sein muß), Drehzahl (wie erwähnt ist diese meistens 3000), Anzahl der Stufen, d. h. der Laufräder, Anzahl der Gehäuse, ob Radial- oder Achsialturbine (d. h. ob die Dampfzufuhr parallel zur Achse oder senkrecht dazu erfolgt), Dampfdrücke in den etwaig vorhandenen Hochdruck-, Mitteldruck- und Niederdruckteilen, ob die Turbine eine Aktions- oder Reaktionsturbine ist (d. h. ob im Leitrad das gesamte Gefälle oder nur ein Teil davon in Geschwindigkeit umgesetzt wird), ob Kondensations- oder Gegendruckturbine (bei den Kondensationsturbinen wird der Dampf der Kondensationsanlage zugeführt, dort niedergeschlagen und als vorgewärmtes Wasser weiter verwendet. Bei der Auspuffturbine wird auf die Weiterverwendung des Dampfes verzichtet. Bei der Gegendruckturbine verläßt der Dampf die Turbine mit einem Druck, der seine Weiterverwendung für Heiz- und sonstige Zwecke gestattet), etwaige Anzapfstufen zur Dampfentnahme für Speisevorwärmung u. dgl.

Die Erzeugung der elektrischen Energie

(Entnahmeturbine mit geregelter oder ungeregelter Entnahme), Eintrittsdampfspannungen und -temperaturen der vorhandenen Teile, Schluckvermögen, Dampfverbrauch in kg/kWh bei bestimmten Betriebsverhältnissen (reine Kondensation, Anzapfbetrieb).

c) **Gas- und Dieselmotoren.** Von elektrizitätswirtschaftlichem Interesse ist die Stromversorgung durch Gasmotoren, die vorhandene Gicht- oder ähnliche Abfallgase verwenden. Der Generatorgasbetrieb ist in der Elektrizitätsversorgung kaum anzutreffen.

Die Gasmotoren werden fallweise für Gas- und Dieselölbetrieb ausgelegt (Wechselmotoren). Der reine Dieselmotor spielte in den ersten Anfängen der Elektrizitätsversorgung eine relativ große Rolle. Im Zuge der Entwicklung dieser Versorgung wurde seine momentane Einsatzmöglichkeit als ein großer Vorteil gerühmt, der allerdings nach Übergang auf den Großkraftwerksbetrieb nicht mehr voll zur Geltung kommen konnte. Gegenwärtig kommt die Aufstellung von Dieselmotoren in mittleren oder größeren Werken kaum noch in Frage.

Das in Italien auf breiter Basis herangezogene Erdgas dient vornehmlich zur Kesselheizung. Es wird untersucht, wie weit das Erdgas als Motortreibstoff, eventuell unter Beimischung von Dieselöl, verwendet werden kann.

Benzinmotoren kommen für die Großerzeugung der elektrischen Energie wohl nicht in Frage. Sie sind bestenfalls noch in Haus- und Häuserblockzentralen vorzufinden.

Die Wirkungsweise aller dieser Maschinen ist dem Energiewirtschafter vom Fahrzeugmotor (Otto-Motor) bekannt.

Eine jede der hier aufgezählten Maschinen ist durch die folgenden Eigenschaften gekennzeichnet:
Anzahl der Zylinder (Ein- oder Mehrzylindermotor), Leistung in PS pro Einheit und insgesamt (bei Betrieb mit Dieselöl leistet die Gasmaschine etwa 15 bis 20 % mehr als bei Gasbetrieb), Bauart (liegend oder stehend), Viertakter oder Zweitakter, einfach oder doppelwirkend, Umdrehungs-

zahl (bei Gasgroßmaschinen ist sie gewöhnlich 90 bis 170 pro Min., es besteht die Tendenz, den Dieselmotor tunlichst raschlaufend auszulegen, es sind Tourenzahlen bis 750 anzutreffen), Brennstoff- bzw. Wärmeverbrauch pro PS.h bei Gas- oder bei Dieselölbetrieb (der Verbrauch nimmt mit abnehmender Belastung zu), der Wirkungsgrad.

Über die Nachteile der hin- und hergehenden Teile aller dieser Maschinen gilt das unter b) Gesagte.

In Österreich sind Gichtgasmotoren in den Kraftwerken Donawitz und Eisenerz der Österreichischen Alpinen Montan-

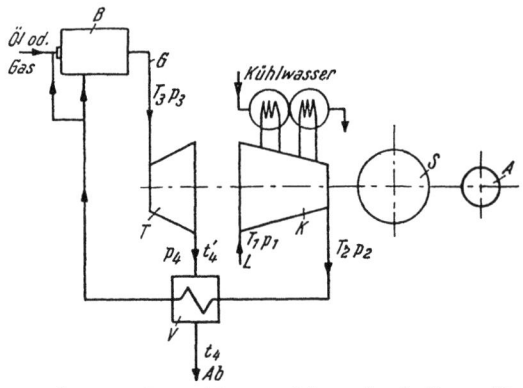

Abb. 1. Offenes Gasturbinenverfahren (nach Brown Boveri)

gesellschaft in Verwendung. Die NEWAG verfügt über 20 Dieselanlagen mit zusammen 8 MW.

d) **Die Gasturbinen und die Heißluftturbinen.** Die Erzeugung dieser Turbinen ist eine in Entwicklung befindliche Sparte des Kraftmaschinenbaues. Es läßt sich noch kein abschließendes Urteil über die Aussichten der Verwendung dieser Turbinen für die Elektrizitätserzeugung gewinnen.

Um jedoch das Verfolgen dieser Entwicklung zu erleichtern, seien kurz die betretenen bzw. die in Erwägung gezogenen Wege angedeutet und vorausgeschickt, daß sich die Schwierigkeiten in der Verwirklichung des aufgestellten Entwicklungsprogrammes vorwiegend aus Materialfragen ergeben: Durch die Ausnützung des durch besondere Erhitzung

Die Erzeugung der elektrischen Energie 11

gesteigerten Wärmegewichtes wird von dem Stahl eine weit über das bisher erreichte Ausmaß gesteigerte Hitzebeständigkeit gefordert.

Der Grundgedanke der Gasturbine ist, den Brennstoff zu vergasen und mit ihm den Kraftgewinnungsprozeß durchzuführen. Am häufigsten wird das „offene Verfahren" nach Brown Boveri angewandt, das die Abb. 1 grundsätzlich andeutet: In der

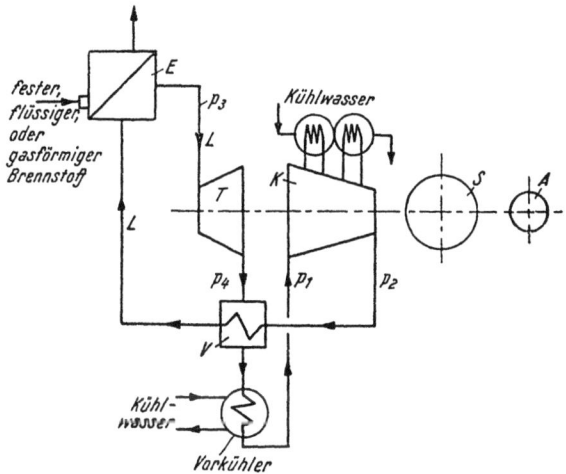

Abb. 2. Geschlossenes Gasturbinenverfahren (Ackeret und Keller)

Brennkammer B erfolgt die Vergasung mit Hilfe der aus dem Kompressor K zugeführten und im Vorwärmer V zusätzlich erwärmten Luft. Die Leitung G führt das Gas zur Turbine T. Nach diesem Prozeß wurde bereits ein 13-MW-Aggregat für Beznau (Schweiz) und 10-MW-Aggregate nach Peru und an das Kraftwerk Filaret (Bukarest) sowie ein 4-MW-Aggregat für Neuchâtel (Schweiz) geliefert.

Nach dem Vorschlag von Ackeret-Keller wird das Treibmittel Luft herangezogen, und zwar in dem „geschlossenen" Prozeß, den die Abb. 2 andeutet: Die dem Lufthitzer E entströmende Heißluft wird in der Turbine T zur Kraftgewinnung herangezogen. Sie gibt ihre restliche Wärme an den Vorwärmer V ab, wird vorgekühlt und dem Kompressor K zugeführt, im Vorwärmer vorgewärmt und schließlich dem Lufterhitzer unter Zurücklegung eines Kreislaufes zugeführt. Eine solche Heißluftturbinenanlage für 12,5 MW wurde von Escher Wyss für die *Electricité de France* geliefert.

e) **Die Stromerzeuger oder Generatoren.** Die in den Wärmekraftmaschinen gewonnene Energie wird nunmehr im Stromerzeuger oder Generator in elektrische Energie umgeformt. Sein Antrieb kann durch direkte Kupplung — bei im allgemeinen rasch laufenden Maschinen —, durch Riemen-, Seil- oder Zahnradübertragung erfolgen. Kraftmaschine und Generator ergeben zusammen einen Maschinensatz oder Aggregat.

Die Leistungsabgabe des Generators ist kleiner als die der Antriebsmaschine, da die letzte die Reibungsverluste (Lagerreibung, Luftreibung) und die inneren Verluste (Wärmeverluste) decken muß. Wir bezeichnen als Wirkungsgrad einer Maschine das Verhältnis der abgegebenen zur aufgenommenen Leistung. Es hat z. B. die Maschine, die 100 kW abgibt und 110 kW aufnimmt, den Wirkungsgrad $\eta = \frac{100}{110} \cdot 100 = 91\%$.

Außer durch Leistung und Drehzahl ist ein Generator durch Stromart, Periodenzahl und Spannung gekennzeichnet. Als Stromart kommt für die Elektrizitätsgroßversorgung wohl ausschließlich der Drehstrom, als Periodenzahl in Europa 50 pro sec in Frage. Niederspannungsgeneratoren, also solche für eine Spannung unter 1000 V, kommen nur bei relativ kleinen Leistungen und bei Verteilung der elektrischen Energie in unmittelbarer Nähe des Generators in Frage. Hochspannungsgeneratoren kommen bei großen Leistungen und bei Übertragung der Energie auf mehr oder weniger große Entfernungen in Frage, im letzten Falle unter weiterer Transformation und Übertragung im Wege von Freileitungen oder Kabel.

Die Größe des Generators ist wohl von der Größe der Antriebsmaschine abhängig, sie ist aber nicht durch sie vollkommen bestimmt. Der Generator kann wohl nicht mehr

Leistung abgeben, als ihm die Antriebsmaschine zuführt. Wir bezeichnen die von der Antriebsmaschine auf den Generator übertragene Leistung als Wirkleistung und drücken sie in kW oder PS aus. Zwischen beiden Einheiten bestehen die Beziehungen:

$$1 \text{ kW} = 1{,}36 \text{ PS}$$
$$1 \text{ PS} = 0{,}736 \text{ kW}$$

Darüber hinaus wird dem Generator von bestimmten Verbrauchern ein anderer Strom bzw. elektrische Leistung entnommen, die zu ihrer Gewinnung keiner Antriebsleistung (die Verlustdeckung ausgenommen) bedarf. Sie wird deshalb Blindleistung genannt. Jeder Drehstromgenerator besitzt eine Erregermaschine, die den Strom für die Feldpole liefert. Soll der Generator neben dem Wirkstrom noch zusätzlich Blindstrom abgeben, so muß seine Erregung gegenüber dem Zustand bei der Lieferung reinen Wirkstromes verstärkt werden. Wird hingegen die Erregung über das bei einer reinen Wirkstromabgabe in Anspruch genommene Maß geschwächt, so nimmt die Maschine Blindstrom aus dem Netz auf. Je mehr Blindstrom neben dem vollen Wirkstrom ein Generator abgeben muß, desto größer muß er und seine Erregermaschine ausgelegt werden. Wir erfassen die Leistungsfähigkeit eines Generators an Blindstromlieferung neben der Wirkstromlieferung dadurch, daß wir seine Größe statt in kW in kVA ausdrücken. Es muß die den Generator kennzeichnende kVA-Angabe stets größer sein als die kW-Angabe. Das Verhältnis dieser zwei Angaben wird als Leistungsfaktor oder $\cos \varphi$ bezeichnet. Seine physikalische Bedeutung soll noch erörtert werden. Es ist der Generator, der für 120 kVA ausgelegt ist und von einer 100 kW-Maschine angetrieben wird, für den $\cos \varphi = \frac{100}{120} = 0{,}83$ ausgelegt.

f) **Das kalorische Kraftwerk.** Der Maschinensatz ist wohl die Erzeugungsstätte des elektrischen Stromes. Seine technische Brauchbarkeit setzt umfangreiche und recht komplizierte Einrichtungen voraus, die zusammen die Gesamtanlage oder das Kraftwerk ergeben.

Die dampfverarbeitenden Maschinen setzen eine Dampferzeugungsanlage, d. i. die Kesselanlage voraus. Die Kesselbautechnik zeigt das Bestreben, tunlichst dünne Rohre zu verwenden und von den früher verwendeten Behältern großer Abmessungen und meist zylindrischer Ausführung abzurücken, d. h. es werden heute vornehmlich Strahlungskessel gebaut. Je nach der Lage der Rohre werden Steil- und Schrägrohrkessel unterschieden. Außer diesen gibt es noch Rauchrohr- (Flammrohr-) und Spezialkessel. Die Hauptbestandteile einer Kesselanlage sind die Feuerung, also die Brennkammer mit den Mühlen und Rosten, der Wasserraum, der Dampfraum und der Speiseraum des Kessels, die Überhitzer, die Speisewasservorwärmer, die Luftvorwärmer und der Schornstein.

Es werden Schlag- und Mahlmühlen unterschieden. Die Brennkammer wird dem zu verfeuernden Brennstoff angepaßt und kann außer für Kohle (Mühlenfeuerung, Kohlenstaubfeuerung) auch mit Druckölbrenner oder Gasbrenner eingerichtet bzw. für Gichtgaszusatzfeuerung ausgestattet sein. Der Rost ist dem Brennstoff angepaßt. Es werden vorwiegend Wanderroste, und zwar Kettenroste (Schrägroste, Treppenroste) verwendet. Die vormals verwendeten feststehenden Roste und auch die Planroste bleiben kleinen Anlagen vorbehalten. Ebenso ist die moderne Kesselbautechnik von der Handbeschickung abgerückt und wendet die mechanische Beschickung an. Wird jeder dampfverarbeitenden Maschine ein eigener Kessel zugewiesen, so wird vom Blockbetrieb gesprochen. Ein solcher Betrieb gilt nach der neuesten Auffassung als strittig. Als Spezialkessel seien aufgezählt: der La Mont-Kessel, der eine Umwälzpumpe besitzt und für beschleunigte Inbetriebnahme geeignet ist, der Velox-Kessel mit u. a. hoher Rauchgasgeschwindigkeit und Zwangsumlauf des Wassers und der Benson-Kessel als Zwangdurchlaufkessel. Jeder größere Kessel besitzt eine Kesselüberwachungsein-

Die Erzeugung der elektrischen Energie 15

richtung, welche die Temperatur in der Anlage, der Rauchgase, die Zusammensetzung der letzten usw. überwachen läßt. Gekennzeichnet ist ein Kessel durch den Genehmigungsdruck und die Dampftemperatur (je höher diese bei einem bestimmten Druck ist, desto stärker wird der Dampf überhitzt), die Verdampfungsziffer und den Jahreswirkungsgrad. Die Leistungsfähigkeit des Kessels wird in t/h Dampf ausgedrückt.

Zusammenfassend kann gesagt werden, daß die Hauptbestandteile einer thermischen Anlage sind: der Brennstofflagerplatz, die Brennstoffbeschickungsanlage, die Kesselanlage, die Antriebsmaschine, die zwischen allen diesen Teilen bestehenden Rohrleitungen, die Zugerzeugungseinrichtung (Schornstein oder künstlicher Zug).

Das thermische Kraftwerk wird durch den spezifischen Wärmeverbrauch in kcal/kWh gekennzeichnet.

Der zweite Teil des Maschinensatzes, der Generator oder Stromerzeuger, bedarf umfangreicher Nebeneinrichtungen, wie Regler für die Spannungshaltung (Hand- und automatische Regler) und für die Regelung der Erregung, Sammelschienen, Leistungsschalter, Trennschalter, Wandler, Meßgeräte, Schutzeinrichtungen usw. Alle Schaltgeräte werden in der Schaltanlage untergebracht, die Meßgeräte auf Schalttafeln oder Schaltpulten, die in der Schaltwarte aufgestellt werden.

Meistens wird der erzeugte Strom durch Transformation auf eine höhere Spannung gebracht, um im Wege von Freileitungen, seltener Kabeln, den Konsumenten zugeführt zu werden.

2. Die hydraulische Stromerzeugung

a) **Allgemeines.** Die hydraulische Stromerzeugung beruht auf der Nutzbarmachung der dem Wasser innewohnenden Energien der Lage, des Druckes und der Bewegung.

Die Energie der Lage läßt sich dadurch ausnützen, daß das Wasser auf einem erzwungenen Wege in ein tiefer gelegenes Niveau tunlichst hemmungsfrei unter dem Einfluß seiner

Schwere gelangt, so daß sie sich in kinetische Energie umwandelt. Die hiebei zu gewinnende Leistung ist einerseits der Niveaudifferenz — dem Gefälle H in m —, anderseits der sekundlich fließenden Wassermenge Q in m³/sec proportional. In erster Annäherung läßt sich die aus einer Wasserkraft zu gewinnende Leistung N in PS aus der Beziehung

$$N \doteq 11 . QH$$

ermitteln.
Konnten die festen und flüssigen Brennstoffe beliebig kumuliert bzw. an jeden beliebigen Ort transportiert werden, so daß die Lage des zu errichtenden Kraftwerkes unter Erfüllung der sonstigen, insbesondere wirtschaftlichen Erfordernisse bestimmt werden kann, so ist die Errichtung des hydraulischen Kraftwerkes nur an der Stelle des Wasserkraftvorkommens möglich. Wird auf eine örtliche Kumulierung des Wassers verzichtet und dieses nur in der jeweils anfallenden Menge verwertet, so wird das Kraftwerk als Laufkraftwerk bezeichnet. Wird das Wasser kumuliert, so entstehen die Speicherwerke, über die noch die Rede sein soll. Laufkraftwerke sind der Laune der Natur besonders ausgesetzt, die trockene und nasse Jahre unterscheiden läßt. Darüber hinaus schwankt das Wasserdargebot im Laufe eines Jahres, indem Wasserreichtum im Sommer, Wassernot im Winter vorherrschen.

b) **Die Wasserkraftmaschinen.** Die neuzeitliche Technik kennt nur mehr drei Turbinenbauarten: die Freistrahlturbine, d. h. das Peltonrad, die Francisturbine und die Kaplanturbine. Die weiteren Bauarten haben nur mehr technikgeschichtliches Interesse.

Das Peltonrad nützt die kinetische Energie des Wassers aus. Es besteht aus einem Kranz, an dem Schaufelpaare angebracht sind, die vom Wasser getroffen werden und ihm hiebei seine Energie entziehen und die Welle des Rades in Bewegung setzen. Das Peltonrad ist die Turbine des großen Gefälles. Ihre Leistungsregelung erfolgt durch die Beeinflussung der Düse am Ende des Wasserzuführungsrohres (Abb. 3). Das Peltonrad ist eine „Teilturbine", da es nur an einer

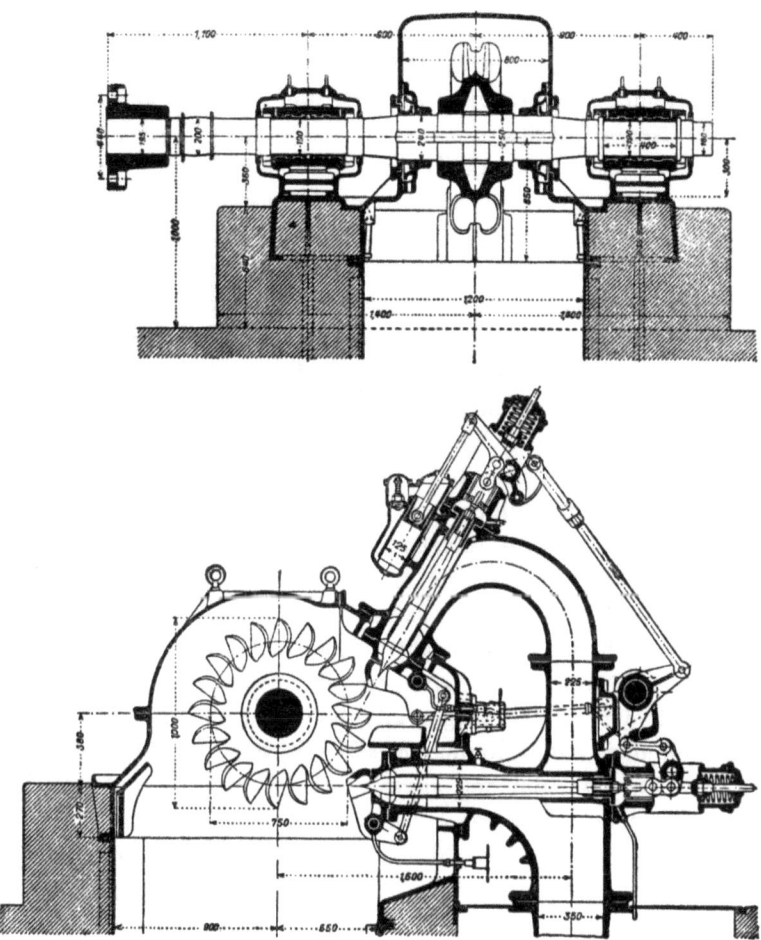

Abb. 3. Leistungregelung des Peltonrades

oder wenigen Stellen (letztes bei Anordnung von mehr als einer Düse) beaufschlagt wird. Im Gegensatz hiezu sind Francis- und Kaplanturbine „Vollturbinen".

Die Francisturbine nützt die Energie des Druckes aus, jedoch nicht vollständig, da das Wasser durch den Leitapparat dem Laufrad zugeführt wird: In dem ersten wird ein Teil der Druckenergie in kinetische Energie überführt. Die Regelung der Turbine erfolgt durch Öffnen und Schließen der Leitradschaufeln. Die Francisturbine ist die Turbine der kleinen und mittleren Gefälle.

In dem Bestreben, mit Turbinen, die den Francisturbinen ähnlich sind, große Drehzahlen zu erzielen, wurde die Kaplanturbine entwickelt. Sie ist dem Leitapparat nach grundsätzlich eine Francisturbine, das Laufrad besitzt nur einige wenige Schaufeln, ähnlich einem Propeller. Die Regelung erfolgt wie bei der Francisturbine, außerdem durch das Drehen der Schaufeln des Laufrades (s. Abb. 4).

Während in der Mehrzahl der Fälle Peltonrad und Generator mit horizontaler Welle aufgestellt werden, werden sehr oft Francisturbine und besonders Kaplanturbine mit senkrechter Welle ausgeführt.

c) **Die Wasserkraftanlagen.** Auch das hydraulische Maschinenaggregat bedarf, um betriebssicher die Stromerzeugung zu bewerkstelligen, zahlreicher Nebeneinrichtungen. Es ist vor allem ein Drehzahlturbinenregler notwendig, der die Drehzahl von der Leistungsabgabe unabhängig gestaltet. Bezüglich der Stromerzeuger gilt das unter 1e Gesagte.

Neben dem hydraulischen Kraftwerk, das alle diese Teile einschließt, muß, um den angestrebten Weg des anfallenden oder gespeicherten Wassers durch die Turbine zwecks Kraftgewinnung zu erzwingen, die „Wasserkraftanlage" errichtet werden. Sie fußt auf einer bestimmten Wasserführung (Wasserdargebot). Das Gebiet, dessen Wasser eine Wasserkraftanlage erfaßt, wird Einzugsgebiet genannt. Das Wasserdargebot eines Jahres ist starken Schwankungen unterworfen. Es wird deshalb von dem „Regeljahr" ausgegangen, das einen Mittelwert über eine längere Reihe von Jahren erfaßt.

Die Nutzbarmachung gespeicherten Wassers setzt einen Speicherraum voraus. Er ist durch den Nutzinhalt (in m^3 oder

Die Erzeugung der elektrischen Energie

$hm^2 = 1$ Mio m^3) gekennzeichnet. Es werden Groß- und Kleinspeicher bzw. Jahres-, Monats-, Wochen- und Tagesspeicher unterschieden; die Speicher sind durch das Stauziel bestimmt, das um die Absenkung unterschritten werden

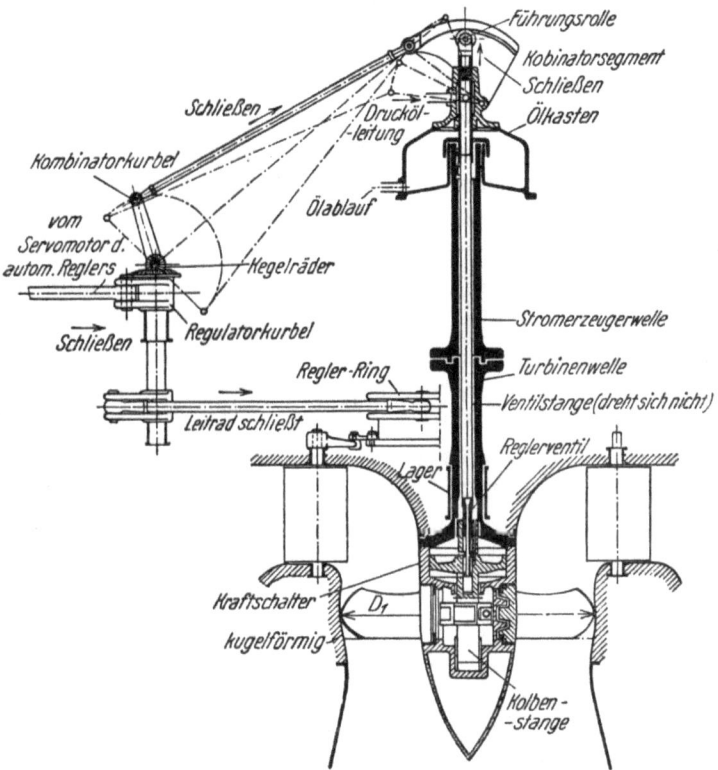

Abb. 4. Leistungsregelung der Kaplanturbine

kann. Über die wirtschaftlichen Vorteile der Speicherung soll noch die Rede sein. Die Schaffung des Speicherraumes ist durch die Errichtung einer Sperre möglich, die durch Bauart (Bogenmauer, Pfeilerkopfmauer, Erddamm usw.), Kubatur, Kronenlänge und -breite usw. gekennzeichnet ist.

Die Niederdruckwerke im Zuge eines Wasserlaufes bedingen das Aufziehen eines Wehres, das in verschiedener Bauweise hergestellt werden kann. Jedes Wehr verursacht einen Rückstau.

B. Elektrische Grundbegriffe

1. Das Gleichstromsystem. *Leistung und Arbeit*

In seiner ursprünglichen Verwendungsweise — beim Gleichstrom — läßt sich der Strom mit dem Wasserlauf und die elektrische Energie mit der aus der Wasserkraft gewonnenen Energie vergleichen. Eine Wasserkraft ist durch Wassermenge und Gefälle gekennzeichnet. Ebenso ist die elektrische Energie durch die Strommenge und das Gefälle — Spannung genannt — gekennzeichnet. Das naturgegebene Gefälle der Wasserkraft verbleibt zeitlich unverändert, ebenso die Spannung bei dem hier allein betrachteten Gleichstrom. Als Einheit der Strommenge wurde das Ampere (A), als Einheit der Spannung das Volt (V) festgelegt. Ebenso wie bei der Wasserkraft die vollbrachte Leistung vom Produkt aus Wassermenge und Gefälle abhängt, ist auch die Leistung des Gleichstromes gleich dem Produkt aus Stromstärke und Spannung. Am bequemsten wird die Einheit der Leistung als Leistung eines A bei einem V Spannung festgelegt. Diese Einheit ist das Watt (W). Sie erweist sich für praktische Zwecke als zu klein, weshalb die Größen Kilowatt (1 kW = = 1000 W), Megawatt (1 MW = 1000 kW) und Gigawatt (1 GW = 1000 MW) eingeführt wurden. Wird die Leistung 1 kW durch 1 Stunde (1 h) bezogen, so wird die Arbeit von 1 Kilowattstunde (1 kWh) verbraucht, bei Inspruchnahme durch zwei Stunden 2 kWh. Ebenso wurden 2 kWh verbraucht, wenn 2 kW durch 1 h oder 0,5 kW durch 4 h bezogen wurden. Wird mit J die Stromstärke in A, mit U die Spannung in V, mit N die Leistung in kW, mit A die Arbeit in kWh und mit t die Zeit in h bezeichnet, so gilt *nur für den Gleichstrom*

$$\frac{J \cdot U}{1000} = N,$$
$$N \cdot t = A.$$

2. Wechselströme, Frequenz, das einphasige System

Der mit der Wasserkraft verglichene Gleichstrom wird heute nur mehr wenig verwendet. Im Gegensatz zu ihm steht der Wechselstrom: Strom und Spannung wechseln dauernd ihre Größe und Richtung. Für ihn läßt sich ein technisches Analogon nicht erbringen. Wird auf der Abszissenachse $O\,I$ der Abb. 5 die Zeit, auf der Ordinatenachse $O\,II$ die Spannung bei Wechselstrom aufgetragen, so ergibt sich das gezeichnete Bild: Die Spannung steigt vom Nullwert auf das positive Maximum $+U_{max}$ an, fällt hierauf auf Null ab, sinkt weiter bis zum negativen Maximum $-U_{max}$ um nunmehr wieder den Nullwert zu erreichen.

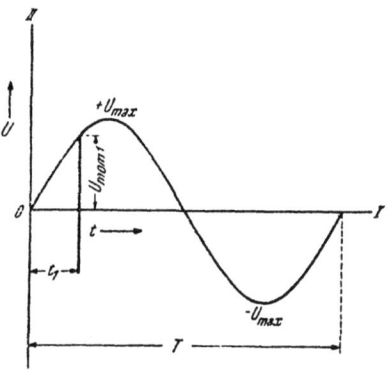

Abb. 5. Die Wechselspannung

Das Spiel wiederholt sich hierauf. Die Dauer T eines solchen Spieles wird Periodendauer genannt, beim praktischen Wechselstrom ist sie stets $1/50$ sec, d. h. das Spiel wickelt sich 50mal in der Sekunde ab. Die Anzahl dieser Spielabwicklungen (50) wird Frequenz f genannt. Es ist somit

$$f = \frac{1}{T} \text{ und } T = \frac{1}{f}.$$

Das gleiche Bild wird erhalten, wenn der Strom in Abhängigkeit von der Zeit aufgetragen wird.

Es darf nicht überraschen, daß ein Voltmeter, das die Spannung mißt, oder ein Amperemeter, das den Strom angibt, diesen raschen Änderungen von Spannung und Strom nicht folgen können. Voltmeter und Amperemeter, an eine Wechselstromquelle angeschlossen, zeigen vielmehr einen unveränderten Wert an: den Effektivwert. Wir unterscheiden somit für Spannung und Strom: einen *Momentan*wert, einen

*Maximal*wert und einen *Effektiv*wert. In der Abb. 5 ist für den Zeitpunkt t_1 der Momentanwert $U_{mom\,1}$. Die Effektivwerte für Spannung und Strom sind

$$U_{eff} = \frac{U_{max}}{\sqrt{2}} = \frac{U_{max}}{1.41},$$

$$J_{eff} = \frac{J_{max}}{\sqrt{2}} = \frac{J_{max}}{1.41}.$$

Der Wechselstrom wird u. a. dadurch erzeugt, daß eine zylindrische Trommel T (Abb. 6a), auf welcher sich die Wicklung W befindet, zwischen den Magnetpolen N (Nord) und S (Süd) rotiert. Werden die Enden dieser Wicklung herausgeführt, so ergeben sie die zwei Leiter L_1 und L_2, an welche die Verbraucher, z. B. V angeschlossen werden. Das hier beschriebene Prinzip ergibt das einphasige Wechselstromsystem, dadurch gekennzeichnet, daß es zwei Außenleiter besitzt. Der einphasige Wechselstrom wird oft auch kurz als Wechselstrom bezeichnet, obwohl es noch andere Arten von Wechselströmen gibt. Das einphasige Wechselstromsystem wird kaum mehr von der öffentlichen Stromversorgung benützt, sondern nur von den Bahnbetrieben. Diese ziehen auch eine andere Periodenzahl als die öffentliche Versorgung heran, und zwar $16^2/_3$, seltener 25 (Übergang auf 50 Perioden bahnt sich an).

Wir wollen eine Einschränkung machen und nur Belastung durch Lampen voraussetzen (somit keine Spulen, keine Motoren u. dgl.). Dann gelten, aber auch nur dann, die unter 1 nachgewiesenen Ausdrücke für die Leistung N und Arbeit A des Gleichstromes auch für den einphasigen Wechselstrom.

3. Das Drehstromsystem, verkettete Spannung und unverkettete (Phasen-) Spannung

Statt die Trommel T der Abb. 6a mit nur einer Wicklung zu belegen, können wir auch drei Wicklungen symmetrisch anordnen (s. Abb. 6b). Die Wicklungsanfänge A_1, A_2 und A_3

werden herausgeführt und ergeben die drei Leiter, Phasen oder Phasenleiter eines Drehstromsystems. Sie sind in der Abb. 6b durch L_1, L_2 und L_3 gekennzeichnet. Die Enden

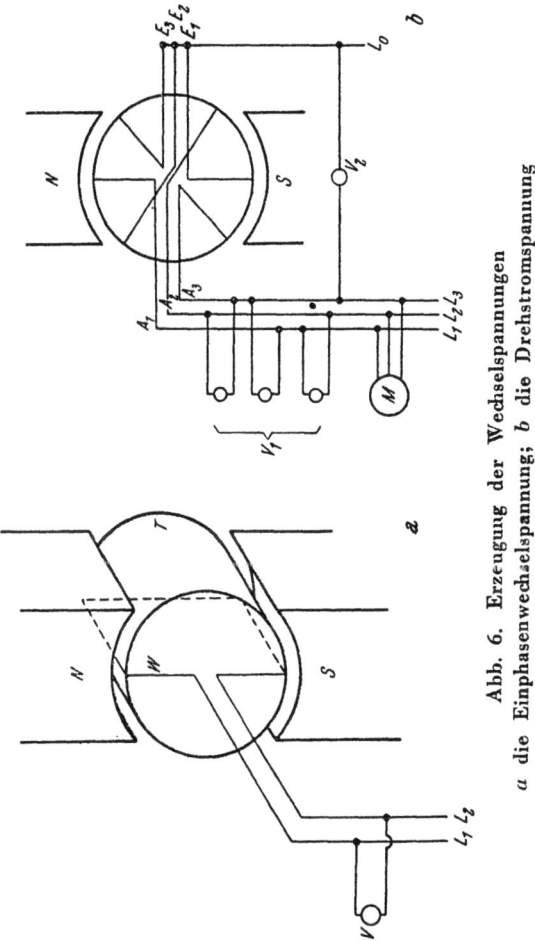

Abb. 6. Erzeugung der Wechselspannungen
a die Einphasenwechselspannung; b die Drehstromspannung

der drei Wicklungen E_1, E_2 und E_3 werden miteinander verbunden. Der gemeinsame Verbindungspunkt kann wieder herausgeführt werden. Erfolgt diese Herausführung, so steht der als Nulleiter bezeichnete Leiter zur Verfügung (L_0 in Abb. 6b).

Wir können einen Verbraucher oder ein Voltmeter anschließen: entweder an den Nulleiter L_0 und einen der drei Phasenleiter L_1, L_2 oder L_3, oder an zwei der drei Phasenleiter. In der Abb. 6 b ist der Verbraucher V_2 an den Nulleiter und den Phasenleiter L_3 angeschlossen, die Verbraucher V_1 sind an je zwei Phasenleiter angeschlossen. Manche Verbraucher, z. B. Drehstrommotoren, werden an alle drei Phasenleiter angeschlossen, z. B. der Motor M in Abb. 6 b.

Wir wollen nun vergleichen, was uns das Voltmeter angibt, wenn wir es an die verschiedenen Leiter des Drehstromsystems anschließen. Bei Anschluß des Voltmeters an den Nulleiter und einen Phasenleiter erfassen wir die *unverkettete* oder die *Phasen*spannung. Schließen wir das Voltmeter an zwei der drei Phasenleiter an, so erfassen wir die *verkettete* Spannung. Zwischen der Phasenspannung U_{ph} und der verketteten Spannung U bestehen die folgenden Beziehungen:

$$U_{ph} = \frac{U}{\sqrt{3}} = \frac{U}{1{,}73},$$

$$U = \sqrt{3}\, U_{ph} = 1{,}73\, U_{ph}.$$

Wir fragen uns nunmehr, welche Leistung gibt ein Drehstromgenerator ab, wenn wir den Strom J und die verkettete Spannung U wieder bei Belastung des Generators ausschließlich durch Lampen ablesen. Wird N in kW ausgedrückt, so ist

$$1000\, N = \sqrt{3}\, J \cdot U.$$

Erfolgt die Leistungsabgabe N kW durch die Zeit t Stunden, so ist die abgegebene Arbeit in kWh

$$A = N \cdot t \text{ kWh}.$$

Hieraus folgt

$$J = \frac{1000\, N}{\sqrt{3}\, U} \quad \text{bzw.} \quad U = \frac{1000\, N}{\sqrt{3}\, J}.$$

4. Der Blindstrom und der Leistungsfaktor cos φ

Die Anwendung der Energie in der elektrischen Gestalt läßt eine Nebenerscheinung auftreten, deren Verständnis und Wertung, wie bereits angedeutet, dem Nichtfachmann gewisse Schwierigkeiten bereitet (es wurde auch bereits bemerkt, daß diese Nebenerscheinung bei der Festlegung der Preise des elektrischen Stromes eine gebührlich geringe Einschätzung erfährt, in energietechnischer Beziehung wird ihrer Bekämpfung zu wenig Bedeutung geschenkt; sie läßt sich durch relativ einfache technische Einrichtungen, die sich bald bezahlt machen, durchführen). Es sei deshalb versucht, auch dem weiteren Fachmann die Erscheinung des Blindstromes zu erläutern.

Wir vergegenwärtigen uns den folgenden Versuch: Ein Benzinmotor treibt einen Drehstromgenerator an, an dem wir nach freiem Ermessen verschiedene Apparate, Einrichtungen oder Stromverbraucher anschließen wollen. Wir beobachten bei jedem vorzunehmenden Versuch: 1. die Benzinmenge, die der Motor verbraucht, 2. den Strom, der dem angeschlossenen Stromverbraucher zufließt, 3. wir halten auch die Leistung, die der Verbraucher aufnimmt, mit Hilfe eines angeschlossenen Wattmeters fest. Solange wir keinen Verbraucher anschließen, verbraucht der Benzinmotor eine geringe Benzinmenge zur Deckung der Leerlaufverluste. Amperemeter und Wattmeter zeigen bei diesem Leerlauf keinen Ausschlag.

Wir schließen nunmehr der Reihe nach 50, 100, 150, 200 Lampen an. Es wird der Benzinverbrauch, der über den Leerlaufverbrauch hinausgeht, beobachtet. Er ist bei 100 Lampen das Doppelte des Verbrauches bei 50 Lampen, bei 200 Lampen das Doppelte des Verbrauches bei 100 Lampen usw. Auch der abgelesene Strom und die abgelesene Leistung sind der Anzahl der Lampen proportional. Der von den Lampen aufgenommene Strom ist auf ihren Ohmschen Widerstand zurückzuführen.

Wir schließen nunmehr an den Generator eine oder mehrere gleichgebaute Spulen. Wir beobachten hiebei den Benzinverbrauch und stellen überraschend fest, daß die angeschlossenen Spulen keinen über den Leerlaufsverbrauch hinausgehenden Verbrauch verursachen. Im Amperemeter lesen wir wohl einen Strom ab, der der Anzahl der angeschlossenen Spulen proportional ist; im Wattmeter lassen sich keine Leistungen ablesen. Da beim Anschluß der Lampen dem abgelesenen Strom ein (proportionaler) Benzinverbrauch entsprach, nennen wir den von den Lampen aufgenommenen Strom den *Wirk*strom, die hiebei abgelesene Leistung die *Wirk*leistung. Zwischen Wirkleistung N_w, dem Wirkstrom J_w und der Spannung U besteht beim Drehstrom die Beziehung

$$1000\, N_w = \sqrt{3}\, U \cdot J_w.$$

Da beim Anschluß der Spulen kein Benzinverbrauch zu beobachten war, nennen wir den von den Spulen aufgenommenen Strom *Blind*strom. Blindströme verursachen somit, wie der beschriebene Versuch zeigte, keine Wirkleistung. Wir bezeichnen mit J_b den Blindstrom. Wenn wir wieder das Produkt $\sqrt{3} \cdot U J_b$ bilden, so erhalten wir die *Blind*leistung, für uns vorerst eine Rechnungsgröße, da wir sie errechnen, aber mit unseren Behelfen nicht ablesen können. Sie wird in bkVA oder kVAr erfaßt (r = réactif).

Wir schließen nunmehr gleichzeitig Lampen und Spulen an den Generator. Von der angeschlossenen Lampengruppe kennen wir aus einem früheren Versuch den aufgenommenen Wirkstrom J_w. Ebenso ist uns aus einem früheren Versuch die Blindstromaufnahme J_b der angeschlossenen Spulengruppe bekannt. Wir lesen hierauf den gesamten Stromverbrauch ab und stellen fest, daß er *nicht* die arithmetische Summe aus Wirk- und Blindstrom ist.

Die Erklärung hiefür liefert uns die folgende physikalische Tatsache: Bei dem von der Lampe oder einem reinen Ohmschen Widerstand aufgenommenen Wirkstrom fallen

Elektrische Grundbegriffe 27

die Nullwerte und die Maximalwerte von Strom und Spannung zeitlich zusammen (Abb. 7a). Beim reinen Blindstrom hingegen treten die Maximalwerte des Stromes beim Nullwert der Spannung und umgekehrt auf (s. Abb. 7b). Wie verhält es sich nunmehr, wenn gleichzeitig ein Wirkstrom und ein Blindstrom aufgenommen werden? (In Abb. 7c die Ströme J_w und J_b.) Es betrage der Maximalwert des Wirkstromes $J_{w\,max} = 100$ A: Würde er allein fließen, so würde das Amperemeter den Effektivwert $J_{w\,eff} =$
$= \dfrac{100}{\sqrt{2}} = 71$ A zeigen. Es betrage der Maximalwert des Blindstromes $J_{b\,max} = 75$ A. Würde er allein fließen, so würde das Amperemeter den Effektivwert $J_{b\,eff} = \dfrac{75}{\sqrt{2}} = 53$ A zeigen.

Wir ermitteln den Strom, der sich aus den Strömen J_w und J_b ergibt, indem wir für jeden Augenblick ihre Momentanwerte summieren. Es ist z. B. für den Augenblick t_1 der Momentanwert des Wirkstromes gleich $J_{w\,mom}$, der Momentanwert des Blindstromes gleich $J_{b\,mom}$ und der Momentanwert des Sum-

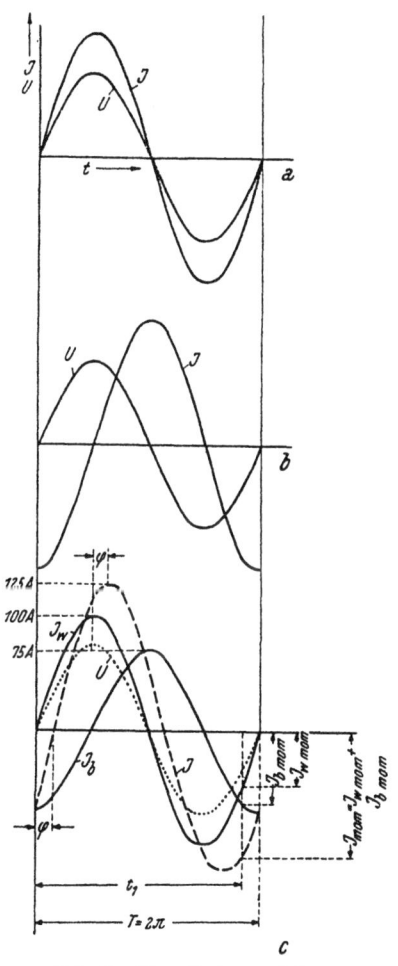

Abb. 7. Der Leistungsfaktor
a reiner Wirkstrom; b reiner Blindstrom; c die Phasenverschiebung

menstromes $J_{mom} = J_{w\,mom} + J_{b\,mom}$. Zeichnen wir tunlichst viele Summenpunkte, so erhalten wir den Summenstrom J (s. Abb. 7c). Sein Höchstwert ist $J_{max} = 125$ A, sein Effektivwert ist $J_{eff} = \frac{125}{\sqrt{2}} = 88{,}5$ A, d. h., obwohl durch das Amperemeter 71 A Wirkstrom effektiv und 53 A Blindstrom effektiv fließen, zeigt das Amperemeter nicht $71 + 53 = 124$ A an, sondern nur 88,5 A. Wie die Abb. 7c beweist, ist der Gesamtstrom J durch die folgenden Eigenschaften gekennzeichnet: Seine Nullwerte und seine Maximalwerte fallen wohl nicht mit den gleichen Werten der Spannung zusammen, es fallen aber auch nicht wie beim Blindstrom die Nullwerte des Stromes mit den Maximalwerten der Spannung und umgekehrt zusammen. Zwischen dem Maximalwert des Gesamtstromes und dem Maximalwert der Spannung besteht ein Zeitunterschied φ, den wir *Phasenverschiebung* nennen. Der gleiche Zeitabstand tritt zwischen den Nullwerten des Gesamtstromes und der Spannung auf. Wir weisen der Periodendauer T den Winkel 2π oder 360^0 zu. Dann entspricht der Phasenverschiebung φ ebenfalls ein Winkel und wir können die Phasenverschiebung φ somit als Winkel auffassen. Der cos dieses Winkels wird als Maß dieser Phasenverschiebung zwischen Strom und Spannung herangezogen und dann *Leistungsfaktor* genannt. Bei reinem Wirkstrom ist cos $\varphi = 1$, bei reinem Blindstrom ist er 0 (s. Abb. 7a und b). Der Leistungsfaktor kann somit nur Werte zwischen 0 und 1 einnehmen. Je größer der Wert ist, desto größer der Anteil des Wirkstromes an dem Gesamtstrom.

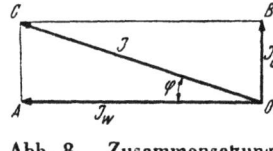

Abb. 8. Zusammensetzung der Ströme

Rechnungsmäßig läßt sich die Größe, d. h. der Effektivwert von J aus J_w und J_b wie folgt erfassen:

$$J = \sqrt{J_w^2 + J_b^2}.$$

Elektrische Grundbegriffe 29

Die Elektromotoren besitzen einen Ohmschen Widerstand, der die Aufnahme eines Wirkstromes bedingt. Ihre Wicklungen bestehen aus Spulen. Sie bedingen daher die Aufnahme auch eines Blindstromes. Der Strom, den sie aufnehmen und den wir ablesen können, ist die geometrische Summe aus den beiden Teilströmen. In der Abb. 8 ist OAC ein rechtwinkeliges Dreieck, $OA = J_w$ und $OB = J_b$, ferner $OC = J = \sqrt{J_w^2 + J_b^2}$. Wir bezeichnen den Winkel bei O mit φ. Wir wissen, daß

ist, oder
$$\cos \varphi = \frac{J_w}{J}$$

$$J \cdot \cos \varphi = J_w$$

und analog
$$J \cdot \sin \varphi = J_b.$$

Die von einem Generator erzeugte und von einem Motor aufgenommene *Wirk*leistung N_w in kW errechnet sich somit wie folgt

$$N_w = \frac{\sqrt{3} \, U \cdot J_w}{1000} = \frac{\sqrt{3} \, U \cdot J \cdot \cos \varphi}{1000}.$$

Für die Größe eines Generators ist der Summenstrom (und nicht nur der Wirkstrom) maßgebend. Sie wird statt in kW in Kilovoltampere (kVA) ausgedrückt. Es ist dann

$$N = \frac{\sqrt{3} \, U \cdot J}{1000}.$$

Zwischen der Wirkleistung N_w in kW und der Gesamtleistung (kVA-Leistung) bestehen die Beziehungen

$$N_w = N \cdot \cos \varphi$$

oder

$$N = \frac{N_w}{\cos \varphi}.$$

Die energiewirtschaftliche Bedeutung des Blindstromes läßt sich wie folgt erläutern: Das Energieerzeugungsunternehmen verkauft dem Konsumenten die *Wirk*energie, die dem Wirkstrom J_w proportional ist. Sie wird von seinem Zähler erfaßt. Dieser verkauften Wirkleistung ist die vom Erzeuger aufzuwendende Antriebsleistung (somit auch die Kohlenmenge bzw. die in Anspruch genommene Wassermenge) proportional. Es ist somit auch die Größe der Antriebsmaschine (Turbine, Dampfmaschine) der Wirkleistung proportional. Der Generator hingegen muß proportional dem größeren Gesamtstrom ausgelegt werden, obwohl nur der kleinere Wirkstrom die Grundlage für die preisliche Abrechnung mit dem Stromverbraucher bildet. Es ist somit zu verantworten, dem Stromverbraucher, der Blindstrom mitbezieht, höhere Investitionskosten für den Generator anzurechnen als dem Bezieher reiner Wirkströme. Ebenso sind die Größen der Transformatoren beim Erzeuger und beim Verbraucher proportional dem Summenstrom auszulegen und die von ihnen verursachten Investitions- und Betriebskosten dem Mitbezieher von Blindstrom höher als dem Bezieher reinen Wirkstromes anzurechnen. Energiewirtschaftlich am bedeutendsten ist jedoch die folgende energietechnische Erscheinung: Beim Transport des Stromes durch die Leitung treten Verluste auf, die dem Quadrat der Stromgröße proportional sind. Diese Verluste sind somit dem Quadrat des Summenstromes und nicht dem Quadrat des der Stromabrechnung zugrunde gelegten Wirkstromes proportional.

Bezieht ein Stromverbraucher den Strom mit den Leistungsfaktoren

$$\cos \varphi = 1,\ 0{,}95,\ 0{,}9,\ 0{,}85,\ 0{,}8,\ 0{,}75,\ 0{,}7,\ 0{,}65,\ 0{,}6,$$

so beträgt der Strom

$$J = \frac{J_w}{\cos \varphi}$$

das 1-, 1,05-, 1,11-, 1,17-, 1,25-, 1,33-. 1.43-. 1.54-. 1,66fache des Wirkstromes und es betragen dann die Verluste gemäß der Gleichung

$$J^2 = \frac{J_w^2}{\cos^2 \varphi}$$

das 1,00-, 1,11-, 1,23-, 1,38-, 1,56-, 1,78-, 2,05-, 2,37-, 2,78fache jener bei Bezug von reinem Wirkstrom ohne jeden Blindstromzusatz.

Es ist daher vollkommen berechtigt die Strompreisbestimmung unter Zugrundelegung des Leistungsfaktors vorzunehmen, schon deshalb, um den Konsumenten zu veranlassen, den Blindstrombezug zu verringern oder zur Gänze auf einen solchen Bezug zu verzichten. Hiezu sind technische Möglichkeiten gegeben. Es würde zu weit führen, hier in diese näher einzugehen. Es sei nur erwähnt, daß durch die Aufstellung von Kondensatoren beim Blindstrombezieher dieser den Blindstrom aus den Kondensatoren bezieht, so daß der Generator im Kraftwerk und das Übertragungsmittel zwischen Kraftwerk und ihm von dem Blindstrom für den Verbraucher entlastet werden können.

5. Transformation oder Umspannung

Die dem Quadrat des Stromes proportionalen Verluste in der die Übertragung der elektrischen Energie besorgenden Leitung begrenzen die übertragbare Leistung bzw. die überwindbare Entfernung. Durch die Eigenschaft der Wechselströme, sich in solche einer anderen Spannung transformieren zu lassen, werden übertragbare Leistung und überwindbare Entfernung vorerst praktisch unbegrenzt vergrößert. Wird ein Eisenkern mit zwei Wicklungen verschiedener Windungszahlen w_1 und w_2 ausgestattet und einer der zwei Wicklungen eine Wechselspannung U_1 aufgedrückt, so steht die zweite Wicklung unter einer Spannung U_2, die in der folgenden Beziehung zu U_1 steht:
$$U_1 : U_2 = w_1 : w_2.$$
Ist z. B. $w_2 = 2\,w_1$, so ist $U_2 = 2\,U_1$. Der Eisenkern mit den zwei Wicklungen wird durch den Transformator gebildet. Die von der Primär- auf die Sekundärspule übertragene Leistung weist z. B. bei der doppelten Sekundärspannung nur den halben Strom auf usw. Der halbe Strom verursacht auf der Übertragungsleitung nur $1/4$ der Verluste usw.

C. Die Stromfortleitung und Verteilung

Die elektrische Energie läßt sich nicht stapeln wie eine Stapelware, Erzeugung und Verbrauch erfolgen praktisch gleichzeitig. Die elektrische Energie weist den Vorzug auf, sich auf gewisse Entfernungen übertragen zu lassen. Die Übertragung erfolgt mit Lichtgeschwindigkeit, so daß die Bedingung der praktischen Gleichzeitigkeit von Erzeugung

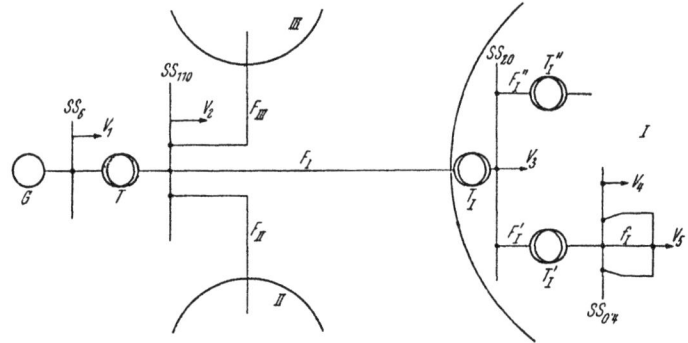

Abb. 9. Die Anlagen eines Stromversorgungsunternehmens

und Verbrauch erfüllt ist. Erfolgt die Stromerzeugung in der Wechselstromart, so besteht die Möglichkeit, den Strom auf eine höhere Spannung zu transformieren und selbst sehr große Entfernungen zu beherrschen.

Die Fortleitung des Stromes und seine Transformierungen beim Erzeuger und beim Verbraucher bedingen besondere Einrichtungen, und zwar Transformatorenstationen mit den Transformatoren und den Ausrüstungen, ferner Freileitungen, die hohe Investitionssummen binden und hiedurch die ausgiebige Anwendung der elektrischen Energie hemmen. Alle diese Einrichtungen ergeben die elektrische Anlage des Stromversorgungsunternehmens, dessen Hauptteile an Hand der Abb. 9 erläutert werden mögen, wodurch eine erste, sich zwangläufig ergebende Einteilung der Konsumenten in Verbrauchergruppen gewonnen wird.

Es stellt G die Stromerzeugungsanlage dar, die aus einem oder mehreren Kraftwerken, mit einem oder mehreren Generatoren bestehen kann. Es sei angenommen, daß seine Spannung 6 kV beträgt. Die Generatoren eines Kraftwerkes können — wie Abb. 9 andeutet — auf Sammelschienen der Generatorspannung SS_6 arbeiten. Die oder der Transformator T des Kraftwerkes spannt den Strom auf die Übertragungsspannung, angenommen auf 110 kV um. Sie oder er arbeiten hiebei auf die Sammelschiene SS_{110}. Zu versorgen seien die drei Gebiete I, II und III, zu welchen 110-kV-Freileitungen F_I, F_{II}, F_{III} führen. In jedem Versorgungsgebiet werden ein oder mehrere Transformatoren aufgestellt (in Abb. 9 nur der Transformator T_I eingezeichnet), die auf die Mittelspannungssammelschiene SS_{20}, z. B. für 20 kV, arbeiten. Von diesen gehen 20-kV-Leitungen F'_I und F''_I zu den Transformatoren T'_I und T''_I ab, die die Spannung auf den Niederspannungswert 400/231 V herabsetzen, welche Spannung die Gebrauchsspannung von 380/220 V unter Berücksichtigung des Abfalles bis zum Verbraucher ergibt. Der oder die Transformatoren arbeiten auf die Niederspannungssammelschiene $SS_{0\cdot 4}$. An diese sind die Niederspannungsverteilleitungen (f_I) angeschlossen, die strahlenförmig oder vermascht angeordnet sein können.

Diese summarische Beschreibung läßt erkennen, daß die Konsumenten an verschiedenen Stellen innerhalb der Anlage angeschlossen sein können, woraus sich die erste Einteilung in Gruppen ergibt.

Die Konsumenten V_1 sind an die 6-kV-Sammelschiene des Kraftwerkes, die Konsumenten V_2 an die 110-kV-Sammelschiene, die Konsumenten V_3 an die 20-kV-Sammelschiene des Versorgungsgebietes, die Konsumenten V_4 an die Niederspannungssammelschiene des Versorgungsgebietes und die Konsumenten V_5 an das Niederspannungsverteilnetz angeschlossen. Jeder dieser Konsumenten nimmt die Anlageteile nur bis zu seiner Anschlußstelle in Anspruch und darf zur Tilgung der Anlagekosten nur so weit herangezogen werden, als er diese Teile in Anspruch nimmt. Es wird somit der Kleinkonsument V_5 vorerst aus diesem Grunde höhere Strompreise zu bezahlen haben als z. B. der Großkonsument V_2, der unmittelbar an die 110-kV-Sammelschiene des Kraftwerkes angeschlossen ist, usw.

Darüber hinaus verursacht der Energietransport innerhalb der Anlage Fortleitungs- und Umspannungsverluste, die vom Konsumenten zu tragen sind. Auch mit Rücksicht auf diese sind dem an einer entfernteren Stelle angeschlossenen Konsumenten höhere Stromkosten anzulasten.

D. Die Verwertung der elektrischen Energie

1. Allgemeines

Es ist berechtigt, den elektrischen Strom und die mit ihm für unsere Betrachtungen zu identifizierende elektrische Energie als *Ware* (mit der kWh als Einheit) zu bezeichnen, obwohl im gewöhnlichen Sprachgebrauch mit einer solchen stets die Vorstellung eines greifbaren Gegenstandes oder einer Materialmenge verbunden ist, die entweder durch Gewicht oder durch Länge, Fläche bzw. Volumen definiert wird.

Vom Standpunkt der Volkswirtschaftslehre ist die elektrische Energie als ein *Gut* zu werten, obwohl sie nicht objektiver Natur und keine objektive Relation ist, da sie (nach Böhm-Bawerk) „ein taugliches Befriedigungsmittel menschlicher Bedürfnisse" ist. Als Licht- und Kraftquelle ist sie größtenteils ein unersetzbares, als Wärmequelle ein fallweise durch andere Energiearten ersetzbares Gut.

Die elektrische Energie ist ein die Kulturstufe entscheidender Faktor, sie bestimmt den Lebensstandard der Menschheit mit, sie entscheidet die Zivilisationsstufe, die ein Volk oder ein Staat erreicht hat. Schon infolge der beschränkten Verwendung der elektrischen Energie sind wir von dem angestrebten Lebensstandard und Kultur- und Zivilisationsideal noch sehr weit entfernt. Unsere Wohnkultur ist durch unzureichende Beleuchtung, für die ausschließlich die elektrische Energie in Frage kommt, gekennzeichnet. Die Mehrzahl der Menschen der Kulturräume besteht aus Brillenträgern als Folge unzureichender Beleuchtung. Unsere Straßenbeleuchtung vermag nicht mehr als die Straßen und Wege anzudeuten, selbst in den Hauptstraßen der Großstädte ist sie unzureichend, wenn wir uns auch dessen infolge der Schaufenster- und Reklamebeleuchtung nicht bewußt werden. Daß der Haushalt die elektrische Energie für Wärmezwecke bevorzugt, beweist ihre allmählich zunehmende Verwendung in den Ländern der relativ besten Elektrizitätsversorgung. Nachkriegsperioden sind solche des Wiederaufbaues der Industrie und des Gewerbes. Es setzt unter diesen ein scharfer inner- und zwischenstaatlicher Wettbewerb ein, den nur die Unternehmen mit den besten Erzeugungsverfahren zu bestehen vermögen. Solche Verfahren ziehen die elektrische Energie sehr intensiv heran. Ihre mangelhafte Anwendung bei jenen Arbeiten, die bisher manuell durchgeführt wurden, insbesondere in der Landwirtschaft, haben die Flucht der Arbeitenden von diesen Berufen zur Folge, die ernste soziale Probleme aufwirft. Nur die elektrische Kraft vermag den Raubbau, der durch das Verbrennen der Kohle in der unwirtschaftlichsten aller von Menschenhand geschaffenen Einrichtungen, der Lokomotive, betrieben wird, abzuschaffen und zu einem wirtschaftlich zu verantwortenden Betrieb zu führen.

Die elektrische Energie wird somit bei der Erzeugung so gut wie eines jeden Gegenstandes, den wir benützen oder nur betrachten, als unentbehrlicher Rohstoff in verschieden großer Menge herangezogen. Auf diese Tatsache sei später bei der Strompreisbestimmung noch zurückgegriffen und aus ihr die Forderung abgeleitet, daß dem Rohstoff „kWh" ein seiner Bedeutung entsprechender Anteil an dem Preise eines jeden mit ihm erzeugten Gegenstandes zukomme.

2. Anteil der elektrischen Energie an der Gütererzeugung

Die nachfolgende Tabelle, auszugsweise der „Documentation technique Série A" der *Electricité de France* entnommen, läßt erkennen, in welchem Ausmaß die elektrische Energie bei der Erzeugung herangezogen wird. Etwa die gleichen darin angeführten Strommengen wurden auch bei den in Österreich angewandten Erzeugungsverfahren ermittelt. Die Unterlagen der *Electricité de France* umfassen die meisten Erzeugnisse unserer gegenwärtigen Technik. Der nachfolgende Auszug möge sich auf die folgenden fünf Gruppen beschränken: 1. Lebensmittel, 2. Textilwaren und Bekleidungsartikel, 3. Industrieartikel und Diverse, 4. chemische Erzeugnisse und 5. metallurgische Erzeugnisse.

Lebensmittel

Brot	0,2	kWh/kg	Schokolade	0,3	kWh/kg
Teigwaren	0,2	„	Bier	1 bis 14	kWh/hl
Butter	0,07	„	Backwerk	0,075	kWh/kg
Wurstwaren	1,5 bis 2	„	Käse	0,15 bis 0,4	kWh/l
Margarine	0,035	„	Speiseöl	0,04	kWh/kg
Zucker	0,10 bis 0,15	„			

Textilwaren und Bekleidungsartikel

Tuch*	2,1 bis 3,4	kWh/m (norm. Breite)	Kunstseidenstoff*	0,6	kWh/m
Loden*	1,25 bis 2	„	Strümpfe	0,09	kWh/Dtzd.
Anzug- und Mantelstoff*	2,35 bis 3,1	„	Arbeits- und Straßenschuhe*	0,75	kWh/Paar
Zellwollstoff	2,1	„	Straßenschuhe*	0,3 bis 0,8	„
Webwaren aus Garn*	0,34	„	Kinderlederschuhe*	0,5	„
Schafwollgewebe*	2,2 bis 4,6	„	Sohlenleder	0,4	kWh/kg
Kammgarnstoff*	0,77	„			

Industrieartikel und Diverse

Bauglas	0,3	kWh/m^2	Mörtelstoff*	83,8	kWh/t
Portland-Zement	80 bis 100	kWh/t	Braunkohle	5 bis 7	„
Ziegel	6 bis 30	kWh/1000 St.	Koks	6 bis 12	„

Die Verwertung der elektrischen Energie 37

Porzellan-			Zellulose	1,75	„
geschirr	0,75	kWh/kg	Papier	0,60 bis 1,5	„
Seife*	40	„	Zündhölzer	0,003 kWh/50 St.	
Kunsteis	0,07	„	Schnittholz*	8 bis 16 kWh/m³	

Chemische Erzeugnisse

Salpetersäure	13,5 bis 16	kWh/kg	Kalzium und Na-		
Schwefelsäure,			triumchlorat	6 bis 10	kWh/kg
anhydr.	60 bis 70	kWh/t	Chlor	2,5 bis 5	„
Alkohol	1,2 kWh/kg		Sauerstoff	1,5 kWh/m³	
Sprit*	0,7	„	Kalziumkarbid	3 bis 5	kWh/kg

Metallurgische Erzeugnisse

Stahl (unleg.)	3,5 kWh/kg		Zinn	1,5 bis 2	kWh/kg
Stahl (leg.)	2,5	„	Stahlguß	0,8	„
Stickstoff,			gew. Grauguß	0,65 bis 0,8	„
synth.	3 bis 4	„	Magnesium	18	„
Aluminium,			Nickel	4 bis 5	„
raff.	30 bis 35	„	Bleche, mittl.	0,35	„
Elektrolyt-			Bleche, fein	0,46	„
kupfer	5 bis 6	„			

* Diese Werte wurden nicht der vorgenannten Dokumentation der *Electricité de France* entnommen.

Auf diese Tabelle sei später bei der Besprechung der Strompreisgestaltung noch zurückgegriffen.

3. Der spezifische Stromverbrauch

Es ist allgemein üblich, zur Kennzeichnung der Elektrizitätsversorgung eines Gebietes den spezifischen Verbrauch an elektrischer Energie pro Kopf der Bevölkerung und Jahr heranzuziehen. So wurden für die wichtigsten Staaten für 1949 folgende Zahlen ermittelt:
USA 2300, Norwegen 4000, Schweiz 2250, Schweden 2000, Frankreich 700, Westdeutschland 525, Italien 450, Österreich 743, Belgien 900, Großbritannien 925, Rumänien 35, Bulgarien 50, Türkei 25 kWh/Jahr . Kopf.

Der Wert dieser Zahlen darf nicht allzu hoch eingeschätzt werden. Alle Zahlen, die sich auf den Kopf der Bevölkerung beziehen, können irreführend sein, so lange nicht berücksichtigt wird, welcher Teil der Gesamtbevölkerung an der Verteilung des durch sie erfaßten Bedarfsartikels beteiligt ist (es wäre falsch, aus einem relativ hohen Einkommen pro Kopf auf Wohlstand zu schließen, wenn der Prozentsatz an Einkommenlosen relativ hoch ist). Bei der Beurteilung des spezifischen Stromverbrauches ist auch der Allgemeincharakter des Landes (industriell oder landwirtschaftlich) zu berücksichtigen. Von einem Industriestaat wird ein höherer Wert bei gleicher elektrizitätswirtschaftlicher Entwicklung erwartet.

4. Die Feststellung des Verbrauches an elektrischer Energie

Die Feststellung des Stromverbrauches erfolgt so gut wie ausschließlich mit Zählern, die gewöhnlich nur die Wirkleistung erfassen. Die Zählertechnik des Gleichstromes braucht hier nicht besprochen zu werden, da dieser nur mehr sehr selten vorkommt und allmählich aufgelassen wird. Es werden Wechselstrom- und Drehstromzähler unterschieden. Als reine Wirkzähler lassen sich mit ihnen keine Rückschlüsse über den Leistungsfaktor der Stromentnahme ziehen. Sie werden in Niederspannungsnetzen bei nicht zu großer Stromstärke unmittelbar, bei großen Stromstärken über Stromwandler, in Hochspannungsnetzen über Strom- und Spannungswandler angeschlossen. In gleichförmig belasteten Drehstromnetzen läßt der Wechselstromzähler das Messen des Verbrauches zu. Die Wechselstromzähler erhalten nur eine Stromspule sowie eine Spannungsspule. Die erste wird in einen Leiter, die letzte zwischen die zwei Leiter geschaltet. Er wird deshalb auch als Zweileiterzähler bezeichnet. Die Drehstromzähler können zwei oder drei Stromspulen besitzen (Dreileiter- oder Vierleiterzähler). Ein näheres Eingehen, wann der eine oder der andere Zähler zu verwenden ist, kann hier unterbleiben. Im Prinzip ist ein Zähler ein Motor, der ein Zählwerk antreibt, wobei die Angaben mehrerer Zählerscheiben

Dekaden bilden. Jeder Zähler hat seine Zählerkonstante, mit welcher die Ablesungen zu multiplizieren sind. Es dürfen nur behördlich geeichte Zähler eingebaut werden, die zumindest alle zehn Jahre nachgeeicht werden müssen. Von Interesse für den Energiewirtschafter sind die Zähler für besondere Tarife, und zwar

a) der Mehrfachtarifzähler. Er besitzt zwei oder mehr Zählwerke für zwei oder mehr Tarife (z. B. Tages- und Nachttarif). Er ist mit einer eingebauten, fallweise gesondert angeordneten Uhr ausgestattet, durch welche die Umschaltung von dem einen auf den anderen Tarif zu erfolgen hat. Es wird somit die zu jedem Tarif zu berechnende Verbrauchsmenge gesondert erfaßt. Die zähltechnische Ausrüstung eines Stromkreises, der nur zu bestimmten Stunden eingeschaltet sein darf, z. B. ein Speicher in den Nachtstunden, umfaßt einen Zähler üblicher Bauart, eine Schaltuhr, die die Ein- und Ausschaltung besorgt. In ihrem Aufbau ist sie eine Uhr mit sich drehendem Ziffernblatt, an dem je ein (oder zwei) Ein- und Ausschaltreiter befestigt sind. Sie geben zu den gewünschten Zeiten den Ein- und Ausschaltimpuls. Hat das Wasser des Speichers die zugelassene Höchsttemperatur erreicht, so besorgt sein Thermostat die Abschaltung. Mit Hilfe eines Schalters läßt sich der Stromkreis dauernd vom Netz abtrennen.

b) Maximumzähler (richtiger Zähler mit zusätzlicher Einrichtung zur Höchstlastanzeige): Neben dem Zähler üblicher Bauart ist eine Einrichtung vorgesehen, die es zuläßt, die Arbeit, die binnen einer bestimmten Zeitdauer, z. B. einer halben Stunde bezogen wurde, in ihrem Höchstwert zu erfassen, d. h. ein Zeiger wird alle halbe Stunde neu eingeschaltet und nur dann vorwärts geschoben, wenn binnen dieser halben Stunde der Verbrauch aller früheren halben Stunden überschritten wurde. Der festgestellte Maximalverbrauch wird sodann der Strompreisermittlung zugrunde gelegt.

c) Der Überverbrauchszähler verzeichnet die Arbeit, die mit Leistungen, die größer als ein bestimmter, eingestellter Wert sind, aufgenommen werden.

d) Blindverbrauchszähler. Sie geben ausschließlich den Blindverbrauch an und können bei Vergleich mit der Angabe eines gewöhnlichen (Wirkstrom-)Zählers den mittleren Leistungsfaktor feststellen lassen, der jedoch zeitweise wesentlich überschritten oder unterschritten sein kann.

e) Scheinverbrauchszähler. Sie geben den Verbrauch in Abhängigkeit vom tatsächlichen Strom an. Auch diese Zähler, mit dem gebräuchlichen Wirkstromzähler verglichen, lassen den mittleren $\cos \varphi$ über die gleiche Beobachtungsdauer erkennen.

II. Die Elektrizitätswirtschaft

A. Die Grundlagen der Elektrizitätsversorgung

Im europäischen Kulturraum wird kaum noch die Aufgabe auftreten, ein größeres Gebiet elektrizitätswirtschaftlich neu zu erschließen. Der Elektrizitätswirtschafter wird bloß die Aufgabe zu lösen haben, eine bestehende Stromversorgung (Erzeugung und Verbrauch) zu intensivieren und ihre Wirtschaftlichkeit zu heben. Die Verbesserung des technischen Sektors der Versorgung obliegt dem Versorgungstechniker.

Die somit gestellte Aufgabe der Hebung der Elektrizitätsversorgung läßt sich auf zwei Arten einer Lösung zuführen: Entweder es wird von der bisherigen Entwicklung ausgegangen und diese verbessert fortgesetzt, oder es wird ein Idealzustand festgesetzt und diesem, unabhängig von der bisherigen Entwicklung, zugestrebt, so daß sich das Problem, eine bestehende Elektrizitätsversorgung auszubauen, auf das Erschließen eines neuen Gebietes, also auf eine praktisch nicht mehr vorkommende Aufgabe zurückführen läßt.

1. Das Versorgungsgebiet; ortsgebundene, überörtliche und großräumige Elektrizitätsversorgung

Der Lösung jeder Aufgabe elektrizitätswirtschaftlicher Natur liegt das „Versorgungsgebiet" zugrunde: Für den Hausbesitzer, der nur sein Haus mit elektrischem Strom versorgen will, ist es jenes, er wird sich eine „Hauszentrale" aufstellen oder es in ein bestehendes Versorgungsgebiet einbeziehen, indem er sich an das Netz dieses Gebietes anschließt.

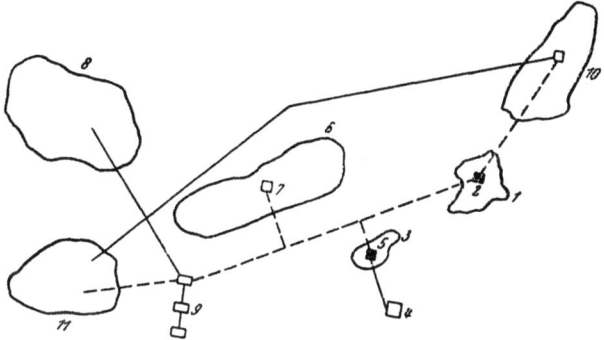

Abb. 10. Das Versorgungsgebiet

Ist ein Häuserblock mit Strom zu versorgen, so kann entweder eine „Blockzentrale" errichtet werden oder wieder der Anschluß an das nächste Versorgungsgebiet erfolgen. Ist ein größeres Gebiet, z. B. die Stadt *1* (Abb. 10) zu versorgen und wird zu diesem Zweck das Dampfkraftwerk *2* errichtet, das ausschließlich diese Stadt mit elektrischem Strom versorgt, so kann diese Art der Versorgung als „ortsgebunden" bezeichnet werden. Wird die Stadt *3* dadurch versorgt, daß das Wasserkraftwerk *4* und das Dieselkraftwerk *5* errichtet werden, so kann von einem „örtlichen Verbundbetrieb" gesprochen werden. Soll das ausgedehnte Gebiet *6* mit Strom versorgt werden und wird das Wasserkraftwerk *7* errichtet, das in den Ortschaften dieses Gebietes über die Ortstransformatoren die Stromversorgung besorgt, so kann von einer „überörtlichen Elektrizitätsversorgung" gesprochen werden.

Die Praxis stellt wohl meistens die Aufgaben in einer solchen Fassung, daß die Versorgungsgebiete das Primäre, die ausfindig zu machende Energiequelle das Sekundäre sind. Ist z. B. das Industriegebiet *8* (Abb. 10) mit Strom zu versorgen, so wird hiefür z. B. die Kraftwerkskette *9* eines in mäßiger oder größerer Entfernung befindlichen Flußlaufes herangezogen. Es kann aber auch vorkommen, daß zu vorhandenen Energiequellen zwecks ihrer Ausnützung ein Versorgungsgebiet gesucht wird. So bildet ein zu errichtendes Kraftwerk für so manche Braunkohlengrube die Existenzgrundlage. Es sei vorausgesetzt, daß das Braunkohlengebiet *10* zur Versorgung des Industriegebietes *11* herangezogen wird.

Es sei ferner angenommen, daß die in der Abb. 10 dargestellten Versorgungsanlagen in größeren Zeitabständen errichtet wurden. Wenn auch jedes Gebiet für sich zweckmäßig versorgt ist, so ist dennoch die Gesamtheit dieser Gebiete, als Teilversorgungsgebiete zu einer Einheit zusammengefaßt, recht unzweckmäßig versorgt. Eine zweckmäßige Versorgung ist nur dann zu gewärtigen, wenn alle Kraftwerke untereinander verbunden werden (wie strichliert eingezeichnet), dann erfolgt die Versorgung „großräumig" im Wege des Verbundbetriebes. Die strichliert eingezeichnete Verbindungsleitung wird als „Sammelschiene" bezeichnet.

Als wichtigste Merkmale der großräumigen Elektrizitätsversorgung seien aufgezählt:

1. Die einzelnen Teilversorgungsgebiete bedürfen keiner Reserve, da diese durch die Kraftwerke der anderen Teilgebiete gegeben ist;

2. die Kraftwerke lassen sich in der Reihenfolge der von ihnen bedingten Betriebskosten bzw. der Beschaffungsmöglichkeit des Energieträgers einsetzen, indem vor allem jene Werke in Betrieb genommen werden, deren Energieträger nicht stapelfähig ist, wie dieser der Wasserkraftwerke;

Die Grundlagen der Elektrizitätsversorgung 43

3. da die Maschinen der großräumigen Elektrizitätsversorgung gewöhnlich solche große Leistungen darstellen, ist ihr Wirkungsgrad höher und ihr Betrieb wirtschaftlicher als der mehrerer kleiner Maschinen.

Die Planung der Versorgung eines energiewirtschaftlichen einheitlichen Großraumes wird am zweckmäßigsten zentral erfolgen. Ein großräumiger Verbundbetrieb läßt sich nur dann wirtschaftlich und verläßlich führen, wenn auch er zentral gelenkt wird. Das mit dieser Lenkung beauftragte Organ ist der *Lastverteiler*. In Zeiten großer Energieknappheit bestimmt er Art und Umfang der Stromeinschränkungen. Die zentral geleitete Betriebsführung schließt die Berücksichtigung der Wünsche der Teilversorgungsgebiete keinesfalls aus.

2. Verbrauch und Bedarf an elektrischer Energie

Liegt das Versorgungsgebiet fest, so läßt sich die Frage seiner zweckmäßigsten Versorgung einer Lösung zuführen, sobald der *Bedarf*, der hier zu befriedigen ist, feststeht, gleichgültig, ob es sich um Erschließung eines neuen Gebietes oder um Verbesserung einer bestehenden und unzureichenden Versorgung handelt.

Es lassen sich hiezu zwei vollkommen getrennte Wege beschreiten:

1. Ermittlung des Bedarfes aus der Entwicklung des tatsächlichen Stromverbrauches des in Betracht gezogenen oder eines ähnlichen Gebietes. Wie die Produktionsstatistik, die einzige und daher in ihrer Bedeutung oft überschätzte Grundlage lehrt, ist der Stromverbrauch eines jeden Gebietes in einem allmählichen Steigen begriffen. Es wird somit nach diesem Verfahren die Kurve der Entwicklung des Stromverbrauches durch Schätzung fortgesetzt und damit der spätere Verbrauch festgelegt bzw.

2. der Bedarf des Gebietes wird unabhängig von dem bisherigen tatsächlichen Verbrauch unter der Voraussetzung ge-

schätzt, daß darin von der Elektrizität in jenem anzustrebenden vollen Ausmaß Gebrauch gemacht wird, das der zu erzielende Lebensstandard der Bevölkerung bedingt und das der Charakter des Gebietes — industriell oder landwirtschaftlich — vorschreibt, um alle technischen Möglichkeiten, die die Elektrizitätsverwertung bietet, voll auszunützen. Nur der nach dem zweiten Verfahren festgelegte Stromkonsum gibt den *Bedarf* an. Das erste Verfahren ging von dem tatsächlichen *Verbrauch* aus, Bedarf und Verbrauch zu identifizieren ist leider ein allzu häufig gemachter Fehler. Ein festgestellter Verbrauch ist nur ein vorläufig gedeckter Bedarf. Von wenigen Gebieten abgesehen ist der tatsächliche Verbrauch an elektrischer Energie nur ein Teil des Bedarfes. Wenn im Fachschrifttum angegeben wird, der „Bedarf" an elektrischer Energie nehme pro Jahr um rund 8 % zu, so besagt das nur folgendes: Durch bessere Ausnützung der Kraftwerke, d. h. durch Erhöhung ihrer Ausnützungsdauer (Definition siehe 4) einerseits, durch die Errichtung neuer Werke anderseits sind die Versorgungsunternehmen in der Lage, jährlich um rund 8 % mehr Strom abzugeben.

3. *Die Energiequellen der Stromerzeugung*

Die für die Umformung in elektrische Energie vorgeschlagenen Energiequellen wurden bereits unter I A aufgezählt und die Gründe angegeben, weshalb sich unsere Betrachtungen auf a) die Wasserkraft, b) die Kohle und c) gasförmige Energieträger beschränken.

Die Eigenschaft der elektrischen Energie, übertragbar zu sein, läßt ihre Gewinnung beim Vorkommen der umzuformenden Energie zu und ermöglicht die Verwertung anderwärtig unverwertbarer Energiequellen (Wasserkräfte), gestaltet diese Verwertung rentabel, indem sie die Ausnutzung minderer Kohlensorten, deren Abtransport nicht zur Diskussion gestellt werden kann, an Ort und Stelle zuläßt, oder hebt die Wirtschaftlichkeit der Verwertung, wenn sich der

Die Grundlagen der Elektrizitätsversorgung

elektrische Transport billiger als der Bahntransport der Kohle oder der Zutransport der Naturgase in dem hiezu anzulegenden Rohrnetz stellt.

Unterteilt werden ferner die Energieträger in nichtstapelbare und stapelbare. Zu den ersten zählt das Wasser, falls es nicht in Speichern kumuliert wird. Zu den kumulierfähigen Energieträgern zählt die Kohle. Gase können sich in beiden Gruppen dieser Unterteilung vorfinden.

Das ortsgebundene Denken in elektrizitätswirtschaftlichen Fragen führte zur Errichtung von Kraftwerken für enge Versorgungsgebiete. Das Kraftwerk dieser Denkungsweise ist das des kumulierfähigen Energieträgers, und zwar das Dampfkraftwerk mit allgemein geringer Leistung oder das Dieselkraftwerk. Vorkommen minderer Kohlensorten, die vorerst einer Existenzbasis entbehren, werden bei großräumigem Denken für die Stromerzeugung in Erwägung gezogen. Kraftwerke dieser Denkungsweise sind somit die verbundbetriebenen Großwasserkraftwerke mit und ohne Speicher und die Großdampfkraftwerke auf Gruben minderer Kohlensorten.

Es ist allgemein üblich, von „ausbauwürdigen" und „nichtausbauwürdigen" Energievorkommen, insbesondere von Wasserkräften zu sprechen, ohne daß die Grenze dieser zwei Begriffe scharf gezogen würde. Einem solchen Sprachgebrauch schwebt ein Preis pro ausgebautes kW. vor, der, als Höchstpreis gewertet, nicht überschritten werden soll, um das Energievorkommen als „ausbauwürdig" erscheinen zu lassen. Richtiger ist es, die „Ausbauwürdigkeit" auf Grund des Preises der in einem Jahr gewonnenen kWh zu beurteilen, wenn in diesem Preis auch die Betriebskosten einbezogen werden. Schließlich sollte eine richtige Beurteilung auch die Lebensdauer der Anlage heranziehen. Daß in Zeiten und Staaten, in welchen Energienot herrscht, diese Preise hinaufzusetzen sind, daß sie somit zeitlichen und örtlichen Schwankungen unterworfen sind, wird wohl unausgesprochen als selbstverständlich hingenommen.

Es sei schon jetzt die Frage gestellt, welchem Energieträger der Vorzug bei der Stromgewinnung zu geben ist. Diese Frage beantwortet der Hinweis auf die Begrenztheit der Vorkommen der Welt an festen und flüssigen Treibstoffen. Soweit diese für die Fabrikation anderer notwendiger Erzeugnisse unentbehrlich sind, sind sie tunlichst für die Stromgewinnung außer acht gelassen. Dies gilt vornehmlich für die Produkte des Erdöls, dessen Weltvorkommen mit 8 bis 20 Mio t angegeben wird und das für die Erzeugung anderer lebenswichtiger Produkte die Basis bildet und für die Stromerzeugung unbedingt auszuschalten ist. Wenn auch in nicht gleich strengem Maße, gilt das Gesagte auch für die Steinkohle.

Die Großerzeugung der elektrischen Energie hat sich somit auf die Wasserkraft, auf die anderen Zwecken nicht zuzuführende Braunkohle und auf die Natur- und Abfallgase zu beschränken und die hochwertige Steinkohle nur dort in Erwägung zu ziehen, wo eine volkswirtschaftlich richtigere Lösung der Erzeugungsfrage nicht erzielt werden kann.

a) Die Wasserkraft. Bestechend bei der Wasserkraft ist ihre dauernde Erneuerung, die überzeugender wirkt als bei den Naturgas-Vorkommen, deren Größe schwer zu beurteilen ist. Die Wasserkräfte sind saisonmäßigen und jahreszeitlichen Schwankungen unterworfen.

Der Bericht des Österreichischen Nationalkomitees an die Weltkraftkonferenz in London (ÖZE 1950, Heft 8, Seite 205) läßt die Abflußverteilung der österreichischen Gewässer innerhalb eines Jahres und die damit verbundenen Leistungsschwankungen der Wasserkraftanlagen besonders sinnfällig erkennen: Der Abfluß beträgt in den ersten drei Monaten des Jahres (1. Quartal) 12,1 %, im 2. Quartal 32,1 %, im 3. Quartal 39,2 % und im 4. Quartal 16,6 %. Diesen Werten gegenüber beträgt der Niederschlag 16,5, 29,4, 34,6 und 19,5 %. Der Unterschied ist durch den Rückhalt des Winterniederschlages in der Schneedecke und durch den Zuschuß

Die Grundlagen der Elektrizitätsversorgung   47

aus Schneeschmelze im Frühjahr bzw. Gletscheraufbruch im Sommer verursacht.

Wie noch zu erläutern sein wird, fällt der Rückgang des Wasserdargebotes der Wintermonate mit der größten Nachfrage an Strom zusammen und läßt die Auswirkung dieses Rückganges besonders fühlbar erscheinen. Die Stromversorgung im Winter ist somit wesentlich schwieriger als im Sommer, weshalb sich die betriebstechnische und tarifliche Unterscheidung zwischen Winterstrom und Sommerstrom allmählich einführt. Die Beherrschung dieses Nachteiles ist nur durch die Bereitstellung kalorisch betriebener Stromreserven oder durch den Ausbau eines Teiles der Wasserkraftwerke als Speicherwerke möglich. Der vorerwähnte Bericht des Österreichischen Nationalkomitees der 4. Weltkraftkonferenz weist nach, daß in einer rein hydraulischen Energiewirtschaft Österreichs etwa 26 % des erfaßbaren Jahresabflusses zum Ausgleich dieses Gegensatzes gespeichert werden müßte.

Darüber hinaus ist das Wasserdargebot Jahresschwankungen unterworfen: Es werden nasse, normale und trockene Jahre unterschieden. Die Leistungsfähigkeit der Wasserkraftwerke kann dann über das ganze Jahr oder nur in Zeitabschnitten desselben im Verhältnis 1,3 : 1 : 0,8 schwanken.

Die ausbauwürdigen Wasserkraftvorkommen Europas werden mit 43, jene Nord- und Mittelamerikas mit 54, jene Südamerikas mit 40 und jene Afrikas mit 140 GW vermutet. Ausgebaut hievon sind nur 34, 42, 6 bzw. 0,2 %. Dem vorerwähnten Bericht zufolge läßt sich das Jahresarbeitsvermögen der österreichischen Wasserkräfte auf 40 GWh schätzen. Nach der Vollelektrifizierung Österreichs stünden hievon 18 GWh für Exportzwecke zur Verfügung.

Es ist nicht Aufgabe der Elektrizitätswirtschaftslehre, das Projektieren von Wasserkraftwerken zu erläutern. Anleitungen hiefür sind nicht in den Lehrbüchern dieses Wissenszweiges zu suchen. Ein solches Projektieren obliegt vielmehr dem Bauingenieur und nicht dem Energiewirtschafter. Von diesem wird nur die Kenntnis der Grundbegriffe des

Wasserkraftbaues erwartet. Seine vornehmste Aufgabe besteht in dem richtigen Erkennen des energiewirtschaftlichen Wertes eines Werkes und in seinem richtigen Einsatz zwecks wirtschaftlich optimaler Betriebsführung. Dieser Fragenkomplex kann erst später nach Betrachtung des Verbrauches und seiner Schwankungen erläutert werden. Es werden vorerst die Grundbegriffe, die der Errichtung von Wasserkraftwerken zugrunde liegen, erläutert.

Wasserkraftwerke, die das jeweils anfallende Wasser verwerten, werden Laufwerke genannt. Das jeweils nicht ausgenützte Wasser geht uneinbringlich verloren. Wird das Wasser gestapelt, so wird die Anlage als Speicherwerk bezeichnet. Ein Speicher wird durch den Speicherinhalt, die Wasserzuflußmenge und das ausgenützte Gefälle gekennzeichnet.

Werden Kraftwerke am gleichen Flußlauf hintereinander angeordnet, so ergibt sich die Kraftwerkskette. Sind solche Laufkraftwerke mit Schwellräumen versehen, so daß bei Nichtvollwasser die Möglichkeit der Verlagerung der Energieerzeugung aus verbrauchsschwachen in verbrauchsstärkere Zeiträume besteht, so spricht man von Schwellbetrieb.

Jedes Wasserkraftwerk, gleichgültig, ob Laufkraftwerk oder Speicherwerk, bezieht das in ihm abzuarbeitende Wasser aus seinem Einzugsgebiet, gebildet durch den ihm zufließenden Wasserlauf und seinen Zubringern. Zwecks Verstärkung der Wasserzubringung werden fallweise weitere Gewässer übergeleitet. Die Höhe des Niederschlages im Einzugsgebiet läßt die dem Kraftwerk zufließende Wassermenge errechnen (nach Abzug der durch Versickerung, Verdunstung u. dgl. entstandenen Verluste). Durch die laufenden Messungen der sekundlich zufließenden Wassermenge (der Fließe) läßt sich, falls sich diese über eine größere Anzahl von Jahren erstrecken, wenn auch nur annähernd, das Wasserdargebot und somit die Leistung des Kraftwerkes voraussagen. Die im Laufe eines Jahres dem Wasserkraftwerk zufließende Wassermenge wird Jahresfracht genannt. Die Ausbauleistung eines Laufkraftwerkes ist niemals der höchsten Fließe angepaßt, vielmehr ist jene stets wesentlich kleiner, da sonst die Maschinenleistung nur innerhalb eines sehr kurzen Zeitraumes ausgenützt werden könnte. Übersteigt das Wasserdargebot die der Kraftwerksleistung entsprechende Wassermenge, so bleibt der Überschuß unausgenützt. Ist das Wasserdargebot geringer als die der Kraftwerksleistung entsprechende Wassermenge, so wird gewöhnlich nur ein Teil der vorhandenen Maschinensätze betrieben oder — besonders falls nur *ein* Maschinensatz aufgestellt ist — es wird mit Teilbeaufschlagung gearbeitet. Der Betriebsleiter muß bestrebt sein, die einzusetzenden Maschinensätze mit einer solchen Beaufschlagung zu betreiben, daß sie mit einem tunlichst günstigen Wirkungsgrad laufen (der höchste Wirkungsgrad liegt gewöhnlich unterhalb der Vollbelastung, und zwar etwa bei drei Viertel der Belastung und nimmt darunter rasch ab).

Die Speicherung des Wassers kann durch natürlichen Zufluß oder durch Pumpen erfolgen. Wird die Speicherung unmittelbar beim Kraftwerk vorgenommen, so spricht man von einem Werkspeicher. Ist die Dauer des Zuflusses des Wassers vom Speicher bis zum Kraftwerk infolge ihres räumlichen Abstandes fühlbar, so wird von den — allerdings seltener anzutreffenden — Fernspeichern gesprochen. Wurde der Speicher angelegt, um den Unterschied zwischen Wasserdargebot und Leistungsbedarf, der innerhalb eines Tages auftritt, auszugleichen, so wird er als Tagesspeicher bezeichnet. Außer diesen werden Wochenspeicher errichtet. Tagesspeicher und Wochenspeicher werden als Kleinspeicher bezeichnet. Die Jahresspeicher haben dem jahreszeitlichen Ausgleich zu dienen, die Überjahresspeicher darüber hinaus. Diese zwei Arten werden Großspeicher genannt. Der nutzbare Wasserinhalt eines Speichers wird in m^3 oder hm^3 angegeben; um aus ihm auf die Speicherkapazität in kWh schließen zu können, ist auf die ausnutzbare Fallhöhe Rücksicht zu nehmen. Unter Arbeitswert eines Speichers wird die

pro m³ nutzbaren Wasserinhaltes erzeugbare elektrische Energiemenge verstanden.
Wird ein Wasserlauf in mehreren Stufen ausgenützt, so ergibt sich eine Kraftwerkskette.
Der Füllfaktor eines Speichers gibt an, wie oft im Jahr sein Inhalt abgearbeitet wird. Musil gibt in seiner „Praktischen Energiewirtschaftslehre" (Springer-Verlag 1949) folgende Werte an: Tagesspeicher 150 bis 300, Wochenspeicher 50, Jahresspeicher 1 bis 2, Überjahresspeicher 0,7 bis 1,2. Die Speicherwerke bedingen auch unter günstigen naturgegebenen Voraussetzungen höhere Baukosten pro kWh als Laufkraftwerke. Die Errichtung eines Speichers wird nur dort zur Diskussion gestellt, wo von Natur aus günstige Speichermöglichkeiten bei günstiger Wasserzufuhr und der Möglichkeit einer ausreichenden Gefällsausnützung gegeben sind. Um eine möglichst große Fallhöhe zu gewinnen, sind die Speicher in tunlichst hohen Lagen anzuordnen; mit zunehmender Lagenhöhe vermindert sich aber das Einzugsgebiet. Es hat sich wirtschaftlich als am günstigsten erwiesen, naturgegebene Seen zu Speichern zu ergänzen und auszunützen.

Außer durch den natürlichen Wasserzufluß können Speicher auch durch Pumpen gefüllt werden. Es wird dann von der Pumpspeicherung gesprochen. Sie ist um so wirtschaftlicher, je größer der Unterschied zwischen der ausgenützten Fallhöhe und der Höhe, um die das Wasser hinaufgepumpt wird, ist.

Diese Ausführungen lassen die Mannigfaltigkeit erkennen, unter welchen die Wasserkraftwerke, durch die naturgegebenen Voraussetzungen bedingt, ausgeführt werden. Werden die Schwankungen berücksichtigt, die die Materialpreise und Löhne in den letzten Jahren erfuhren, ohne daß die angestrebte Stabilität erzielt worden wäre, so ist einzusehen, daß die spezifischen Investitionskosten der Wasserkraftwerke stark streuen. Es lassen sich daher nur *Richt*werte angeben, die in jedem Einzelfall — soweit sich Kosten genau überhaupt voraussagen lassen — zu überprüfen und richtigzustellen sind (Stand 1. I. 1952):

je kW Laufkraftwerksleistung 7000 ... 9000 S
bzw. je kWh Laufkraftwerksenergie 1,0 ... 1,50 S
je kW Speicherwerk 7000 ... 12000 S
bzw. je kWh Speicherwerksarbeit 2,50 ... 4 S

b) Die Kohle. Vom Standpunkt des Energiewirtschafters ist die Kohlenwirtschaft dahingehend zu beeinflussen, daß jene Kohlensorten, die sich ausschließlich für die Stromgewinnung noch verwerten lassen, ohne hiedurch einer anderweitigen Verwendung entzogen zu werden, jener zur Verfügung gestellt werden. Ausschlaggebend für ihre Eignung sind: 1. die Größe der Kohlenstücke, 2. ihre Zusammensetzung aus den wichtigsten Bestandteilen der Kohle (reine Kohle, Wasser und Asche), 3. der Zusatz an Fremdstoffen, wie Sand und Ton.

In großen Zügen lassen sich die mannigfaltigen Kohlensorten in die zwei Gruppen Steinkohle und Braunkohle unterteilen (darüber hinaus sind zu den festen Brennstoffen noch Holz und Torf zu zählen, die jedoch für die Großstromerzeugung nicht in Frage kommen und außer Acht gelassen werden können). Das Kriterium dieser Gruppeneinteilung ist der Heizwert in kcal/kg. Der obere Heizwert guter Braunkohle bzw. der untere Heizwert der Steinkohle ist etwa 6500 kcal/kg.

Um der Kohle die gewünschte Größe zu erteilen, wird sie dem Prozeß der Aufbereitung unterworfen, insbesondere die Steinkohle, seltener die Braunkohle. Die Förderkohle wird nach Größe sortiert. Unterschieden wird:

Stückkohle	über 120 mm	Nußkohle IV	10 bis 18 mm
Würfelkohle	80 bis 120 mm	Nußkohle V	6 bis 10 mm
Nußkohle I	50 bis 80 mm	Feinkohle I	0 bis 10 mm
Nußkohle II	30 bis 50 mm	Feinkohle II	0 bis 6 mm
Nußkohle III	18 bis 30 mm	Staubkohle	0 bis 1 mm

Bei der Aufbereitung fällt eine größere Menge von Fein- und Staubkohle ab, die sich nur unter bestimmten Voraussetzungen verwerten läßt, u. zw. zum Pressen zu Briketts; der größere Teil kann nur für die Kohlenstaubfeuerung oder Feinkohlenfeuerung herangezogen werden. Der anfallende Prozentsatz an Fein- und Staubkohle beträgt 30 ... 35 %. Die Heranziehung des Überschusses an Fein- und Staubkohle für die Großgewinnung von elektrischer Energie ist daher naheliegend und wurde wiederholt angeregt. Die Nachteile der Feinkohlen- und der Staubkohlenfeuerungen können um so leichter in Kauf genommen werden, als bei Verwendung der Abfallkohle ein hoher Wirkungsgrad nicht unmittelbar angestrebt werden muß. Ein ungünstiger Wirkungsgrad weist als fühlbaren Nachteil nur größere Investitionskosten der Einrichtungen für solche Feuerungen auf. Diese Feuerungsarten erbringen den Vorteil des Entfalles der Kosten für den Abtransport der unvermeidbaren Kohlenabfälle.

Bemerkenswert ist das von der Central Power-Administration in Warschau ausgearbeitete Projekt zur Errichtung von Stromexportwerken auf den Steinkohlengruben zwecks Lieferung von Strom nach Österreich, Schweiz und Frankreich. Die Steinkohlenproduktion 1928 wird mit 70 Millionen Tonnen angegeben (sie soll bis 1955 auf 100 Millionen Tonnen gesteigert werden). Der Anfall an Fein- und Staubkohle wird für 1949 mit 19, für 1955 mit 27 Millionen Tonnen angegeben. Hievon sollen für den angedeuteten Zweck, d. i. die Stromerzeugung, nur 10 % freigegeben werden, d. s. 2 Millionen Tonnen. Mit diesen ließen sich pro Jahr 4000 GWh erzeugen. Als Lage des zu errichtenden Kraftwerkes für 340 MW wird das Zusammentreffen der drei Flüsse Weichsel, Sola und Przemsza (in der Nähe der Stadt Oswiecin) angegeben. Es wird vermutet, daß sich die kWh zum Preise von 0,216 Dollarcent an Ort und Stelle erzeugen läßt. Die gewonnene Leistung ließe sich mit 220 oder 380 kV nach Westeuropa transportieren.

Die Braunkohle kann aus zwei Gründen für ihre üblichen Verwendungsarten ungeeignet sein: wegen zu großen Gehaltes an dem stets vorhandenen „Ballast" (Asche und Wasser) oder infolge Vermengtseins mit Fremdstoffen, hauptsächlich Sand und Ton. Die an Ballast zu reiche Braunkohle wird ihren Flötzen oft nicht entnommen, der Bergmann betreibt dann „Raubbau" und strebt die Mitarbeit des Energie-Technikers an, der ihm bei der Lösung des Ballastproblems dadurch zu helfen vermag, daß er die ballastreiche Kohle in Kraftwerken auf der Grube verwertet, indem er aus ihr elektrische Energie gewinnt. Kohlenfelder solcher minderer Braunkohlensorten finden sich in größerer Ausdehnung im rheinischen Braunkohlengebiet vor. Ohne auf den Abbau der tiefliegenden Braunkohle einzugehen, schätzt Schoeller (s. Wirtschaftliche und rechtliche Grundfragen der Energiewirtschaft, Tagungsberichte H. 1 des Energiewirtschaftlichen Institutes der Universität Köln), daß rheinische Braunkohle bis zum Jahre 2000 jährlich etwa 20 GWh gewinnen läßt. Außerdem befinden sich in Mitteldeutschland weitere Tagesbaufelder, wie aus der Diskussion zu dem vorerwähnten Vortrage Schoellers hervorging, die infolge ihres Sand- und Tongehaltes unerschlossen verblieben: in der Gegend von Gartzweiler ein solches von etwa 500 Millionen Tonnen und westlich hievon ein Kohlevorkommen von einer Milliarde Tonnen, schließlich das Vorkommen in der Gegend von Weißweiler von etwa einer Milliarde Tonnen.

Die europäischen Kohlenvorkommen erstrecken sich in einer Zone, die nördlich der Wasserkraftzone liegt, Deutschland und Belgien durchquert und auf der englischen Insel ihre Fortsetzung findet. Die *Stein*kohlenvorkommen[1] Europas werden auf sicher $550 \cdot 10^9$ Tonnen, evtl. $1550 \cdot 10^9$ Tonnen geschätzt. Die gleichen Zahlen für Amerika sind 42 bzw.

---

[1] Die Angaben über die Energievorkommen der Welt sind dem fünften statistischen Jahrbuch der Weltkraftkonferenz und der ÖZE 3/1950, S. 110, entnommen.

2115 . 10^9 Tonnen. Für die ganze Welt werden die Steinkohlenvorkommen auf sicher 615, wahrscheinlich 5000 . 10^9 Tonnen geschätzt. Nach dem Bericht des Österreichischen Nationalkomitees an die vierte Weltkraftkonferenz in London besitzt Österreich zwei Millionen Tonnen abbauwürdige Steinkohlenvorräte. An *Braun*kohle finden sich in der ganzen Welt sicher 75 (vielleicht 1300) . 10^9 Tonnen vor, hievon in Europa allein 50 (vielleicht 285) . 10^9 Tonnen, in Nordamerika 20 (vielleicht 950) . 10^9 Tonnen. Dem Bericht des Österreichischen Nationalkomitees an die vierte Weltkraftkonferenz in London zufolge lassen sich die abbauwürdigen Braunkohlenvorräte auf 200 Millionen Tonnen schätzen.

Größenordnungsmäßig lassen sich die Investitionskosten einer Wärmekraftanlage mit 3 ... 4000 S/kW bzw. 1,5 ... 2 S/kWh angeben, ohne die Kosten für die Kohlenförderung (Stand 1. I. 1952).

c) **Gasförmige Brennstoffe.** Für die Großstromerzeugung kommen Naturgase und Abfallgase in Frage.

Zu den Naturgasen sind einerseits die Sondengase, andererseits das Erdgas zu zählen. Das Sondengas wird bei der Erdölförderung mitgewonnen. Es tritt unter verschiedenem Druck auf, enthält etwa 70 % Methan, der mittlere Heizwert beträgt 5000 kcal/m^3 und darüber. Es wird nicht nur als Brennstoff, sondern auch als Zusatz zum Beleuchtungsgas sowie auch als Stadtgas (d. i. der Treibstoff der Motoren der städtischen Fahrzeuge) verwendet.

Erdgase bestehen vorwiegend aus Methan, sie treten aus der Erde unter verschiedenem Druck aus (je nach der Tiefe der Bohrung) und weisen einen Heizwert von 8000 kcal/m^3 und darüber auf. Ihr Gehalt an Methangas ist sehr hoch (98 ... 99 %). In Europa finden sich reiche Erdgasvorkommen in Italien in der Gegend von Ladarello und in Rumänien vor. In Norditalien wurden 1948 etwa 130 Millionen Kubikmeter Gas, 1949 ca. 250 Millionen Kubikmeter gewonnen. Die Gewinnung soll 1953 die Milliardengrenze erreichen. Norditalien wird von einem Netz von Erdgasrohrleitungen

Die Grundlagen der Elektrizitätsversorgung 55

überzogen (1949 in der Länge von 900 km mit weiteren 700 km Rohrleitungen in Bau). Es wurde die Technik der Kesselfeuerung mit Erdgas entwickelt und die Schwierigkeiten, die sich anfangs der Verwendung dieses Gases wegen eines geringen Borgehaltes entgegenstellten, überwunden. Es wurde ein Verfahren entwickelt, um Maschinen nach dem Dieselprinzip mit einem Gemisch von 90 ... 95 % Erdgas, der Rest flüssige Brennstoffe zu betreiben. Für größere Anlagen ist die Verwendung der Gasturbinen auf Erdgasbasis in Aussicht genommen. Reich an Naturgasvorkommen sind die Vereinigten Staaten, insbesondere der Süden von Texas.

Die wichtigsten Abfallgase sind die Gichtgase der Hochöfen und die bei den verschiedenen Zechen-Prozessen (Kokereien, Schwel- und Hydrieranstalten) als Nebenprodukt anfallenden Gase. Im Kraftwerk der Hütte Linz sind die Rostfeuerungen der Kessel für Steinkohle, Braunkohle, Gicht- und Koksgase und fallweise für Heizöl eingerichtet. Der Heizwert der Gichtgase ist relativ niedrig (bei der Hütte Linz unter 1000 kcal/m³). Der Kokereiprozeß ergibt je nach der verwendeten Kohle und der Art der Durchführung dieses Prozesses verschiedenartig zusammengesetzte Gase. Der Heizwert ist größenordnungsmäßig 4 ... 5000 kcal/m³. Dieses Gas kann für die synthetische Erzeugung des Stickstoffes herangezogen werden. Nach dem Entzug von Stickstoff und Wasserstoff verbleibt reines Methangas von 8500 kcal/m³ (wird als Flaschengas der Verwendung zugeführt. Flaschengas wird auch in den Beleuchtungsgasanstalten gewonnen). Bei dem Schwelen der Steinkohle (zum Zwecke der Teergewinnung) fallen Gase von 6600 ... 6900 kcal/m³ an; die beim Schwelen der Braunkohle anfallenden Gase haben einen Heizwert von nur etwa 4200 kcal/m³.

Das Bestreben einer großräumigen Verbundwirtschaft muß darin bestehen, alle diese anfallenden Gase wirtschaftlich zu verwenden, welches Ziel durch ihre Heranziehung für die Großstromgewinnung am vollkommensten erreicht werden kann.

Außer der Mitgewinnung von Abfallgasen wird die Kohle für die Gewinnung von Gas als Hauptprodukt herangezogen. Es werden das Generatorgas (als Stadtgas verwendet) und das Wassergas (für Schweißzwecke) erzeugt. Die Vergasung der Kohle wird von der neuzeitlichen Technik als die Grundlage der in Entwicklung befindlichen Gasturbine beurteilt (s. I, A, 1, d). Aber auch die Heranziehung der Abfallgase im Gasturbinenprozeß bildet das Bestreben der neuzeitlichen Technik.

4. Der Konsum. — Die Verbrauchergruppen

Die Erzeugung der elektrischen Energie ist nicht nur durch die Gleichzeitigkeit von Erzeugung und Verbrauch gekennzeichnet, sie wird auch durch dauernde Schwankungen des Konsums charakterisiert. Es sind dies Tages-, Jahreszeit- und Jahresschwankungen, darüber hinaus noch konjunkturbedingte Änderungen.

Die Schwankungen innerhalb eines Tages sowie die jahreszeitlichen Schwankungen treten am sinnfälligsten bei dem Lichtstromverbrauch eines jeden Haushaltes in Erscheinung. Solche Schwankungen verursachen aber auch so gut wie alle Konsumenten: Industrie, Gewerbe, Landwirtschaft usw. Das Stromerzeugungsunternehmen ist einerseits bestrebt, soweit es sich um Laufkraftwerke handelt, den Konsum der jeweils anfallenden Wassermenge anzupassen, anderseits die Kraftwerke gleichförmig zu belasten, u. zw. unter Bedingungen, die einen günstigen Wirkungsgrad der betriebenen Maschinensätze gewährleisten. Das kalorische Kraftwerk, das z. B. 100 kW Maschinenleistung installiert hat, ist in der Lage, in den 8760 h des Jahres 876 000 kWh zu erzeugen. Dieser Fall wird wohl nie eintreten, zumindest da die Maschine von Zeit zu Zeit überholt werden muß. Gibt die Maschine pro Jahr z. B. 500 000 kWh ab, so entspricht diese Arbeit einer Vollausnützung der Maschinen binnen $\frac{500\,000}{100} = 5000$ h/Jahr. Diese Größe wird als *Ausnützungsfaktor* (nicht *Benützungsfak-*

Die Grundlagen der Elektrizitätsversorgung 57

tor) bezeichnet. Erfahrungsgemäße Mittelwerte der Ausnützungsdauer sind: bei Dampfkraftwerken 2000 ... 3000 h, bei Laufkraftwerken 4000 ... 5500 h. Interessanter als die Ausnützungsdauer eines Laufkraftwerkes ist der Prozentsatz des ausgenützten anfallenden Wassers. In den USA wird der „capacity factor" herangezogen als das Verhältnis der gewonnenen Arbeit zum Produkt 8760 × aufgestellte Leistung. Es kann auch bei einem Speicherwerk eine Jahresausnützungsdauer als Quotient der jährlich abgegebenen kWh-Anzahl und der Maschinenleistung festgestellt werden.

Die aus dem ausnutzbaren, aber unausgenützten Wasser gewinnbare Energie wird als *Überschußenergie* bezeichnet. In Ermanglung von Interessenten, die diese Energie zu normalen Preisen abzunehmen bereit sind, wird getrachtet, sie zu ermäßigten Preisen abzusetzen. Die Einkünfte aus diesem Absatz sind zur Gänze auf das Gewinnkonto zu buchen.

Soll die Betriebsführung eines Kraftwerkes wirtschaftlich erfolgen, so ist der Belastungskurve — d. i. die die zeitlichen Änderungen des Verbrauches erfassende Kurve — eine der Kurve der anfallenden Wassermenge angepaßte Gestalt aufzuzwingen. Beim Dampfkraftwerk soll zum gleichen Zweck die Belastung tunlichst gleichförmig verlaufen. Bedingt durch die starken Verbrauchsschwankungen ist die Stromerzeugungspraxis hievon sehr weit entfernt.

Die Tagesbelastungskurve eines Kraftwerkes ist jene Kurve, die die Summe der abgegebenen Leistung aller Maschinen erfaßt. Sie könnte mit einem registrierenden Wattmeter gewonnen werden. Die Abb. 11 zeigt das Tagesbelastungsdiagramm des österreichischen *Gesamt*netzes vom 19. IV. 1951, daneben die jahreszeitlichen Schwankungen. Das Tagesdiagramm läßt eine Abendspitze erkennen, bedingt durch den Lichtstromverbrauch, darüber hinaus eine Morgenspitze, bedingt u. a. durch das Anlaufen der Betriebe. Das analoge Diagramm der schweizerischen Netze läßt hingegen die höchste Spitze knapp vor der Mittagstunde erkennen, bedingt durch den Kochstromverbrauch.

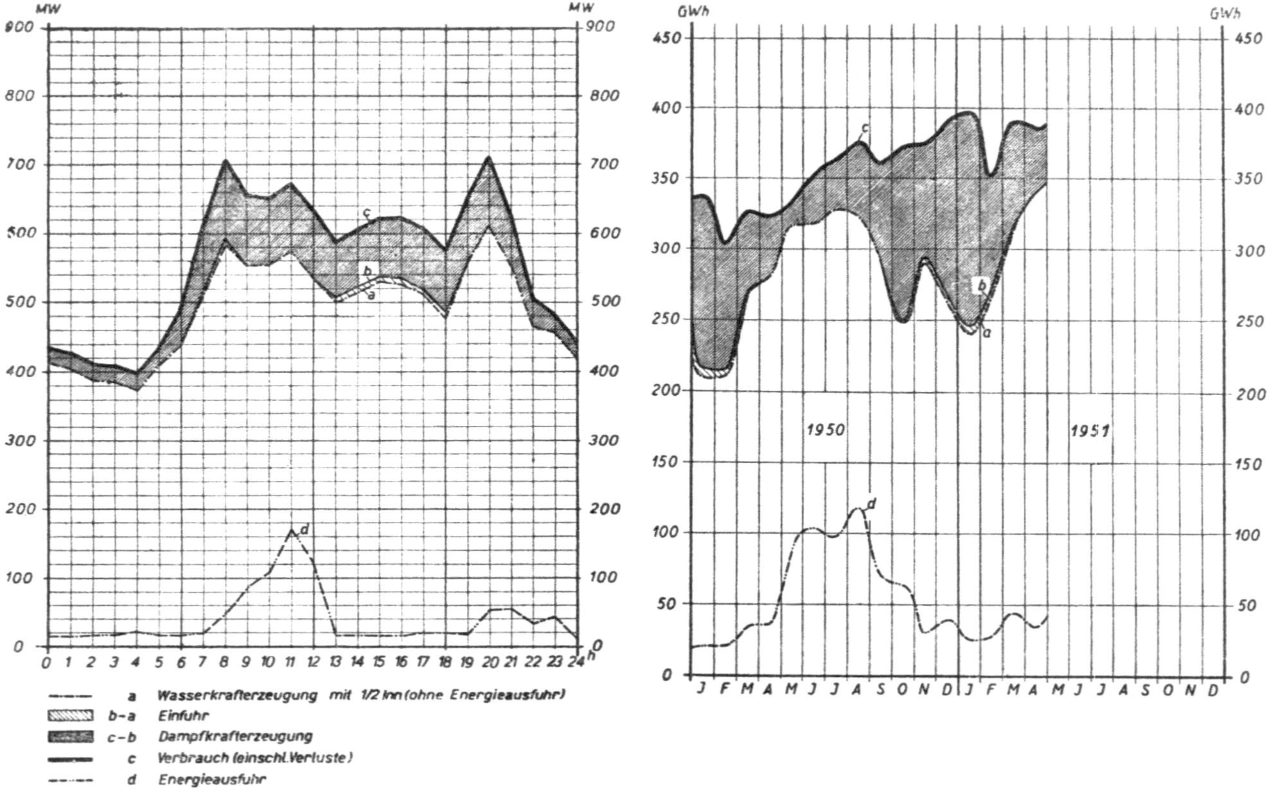

58   Die Elektrizitätswirtschaft

Abb. 11. Tagesdiagramm vom 19. IV. 1951 und Monatserzeugung in Österreich

Die Grundlagen der Elektrizitätsversorgung 59

Aus der Belastungskurve (s. Abb. 12a) lassen sich weitere Kurven ableiten und der Betrieb des Kraftwerkes eingehender beurteilen:

a) Die Arbeitssummen- oder Zähleranzeigekurve (Abb. 12b). Unter Beibehaltung der Abszissenachse wird für jeden Punkt, z. B. t als Ordinate der Anteil der Tagesenergie bis zum Zeitpunkt t aufgetragen (in Abb. 12a horizontal schraffiert).

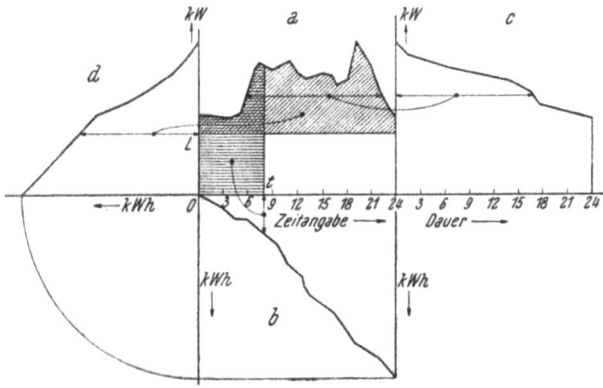

Abb. 12. Aus der Belastungskurve a abgeleitete Kurven: Arbeitssummenkurve b; Dauerlinie c; Leistungssummenlinie d

Die Ordinate der neuen Kurve wird mit kWh beschriftet. Die zum Tagesende (24 h) aufscheinende Ordinate gibt die Tagesenergie an. Der jeweilige Ordinatenwert zeigt die Angabe eines Summenzählers an.

b) Die Dauerlinie: (Abb. 12c). Von der gleichen Abszissenachse ausgehend, die jedoch nicht Tagesstunden, sondern die Zeitdauer angibt, wird die Ordinatenbeschriftung der Tagesbelastungskurve übernommen und aus der letzten abgeleitet, wie lange eine jede beliebige Leistung des Kraftwerkes in Anspruch genommen wurde. Zu diesem Zweck wird durch den Ordinatenwert der betrachteten Leistung eine Parallele zur Abszissenachse gelegt. Der oder die Teile dieser Parallelen, die durch die Tagesbelastungskurve herausgeschnitten werden, ergeben die Dauer der Inanspruchnahme dieser Leistung.

c) Die Leistungssummenlinie (Abb. 12 d). Es wird der Ordinatenmaßstab der Tagesbelastungskurve beibehalten und als Abszissenmaßstab dieser der Ordinate der Zählerstandskurve übernommen. Ab einer betrachteten Leistung L wird die durch den schräg schraffierten (darüber liegenden) Anteil der Tagesverbrauchskurvenfläche gegebene Energie erzeugt.

Soll nunmehr eine *Gruppierung* der *Konsumenten* vorgenommen werden, so ist es auf Grund der vorstehenden Ausführungen naheliegend, diejenigen Konsumenten zusammenzufassen, die, jeder einzeln für sich betrachtet, die gleiche oder ähnliche Belastungskurve verursachen, d. h. zu gleicher Stunde Belastungsspitzen verursachen und -senken aufweisen.

Es hat sich eingebürgert, die Konsumenten in folgende Gruppen einzuteilen: Haushalt; Gewerbe; Landwirtschaft; Industrie; Bahnen; Wiederverkäufer; elektrochemische, metallurgische und thermische Großverbraucher; Elektrokessel und Stromexport. Diese Konsumenten beziehen Strom für Licht-, Kraft- und Wärmezwecke. Die aufgezählten Konsumentengruppen lassen sich entsprechend diesen Verwendungszwecken in Untergruppen weiter unterteilen. Die leistungsmäßige Erfassung dieser Konsumentengruppen wäre nur dann eindeutig möglich, wenn entweder jede Konsumentengruppe an eine eigene, vom Kraftwerk abgehende Leitung angeschlossen wäre, in der die Leistungsregistrierung erfolgt oder es müßte jeder Konsument für sich ein Wattmeter besitzen, durch Summation der Wattmeterablesungen wäre die Leistungssumme dieser Gruppe abzuleiten. Da beide Voraussetzungen nicht zutreffen, sind alle in der Literatur aufzufindenden Energieverbrauchsangaben nur schätzungsweise ermittelt und können nicht mehr beanspruchen, als der Größenordnung nach richtig zu sein. Dies um so mehr, als sie nicht durch Wattmeterablesungen, sondern durch Summation von Zählerangaben, die bei den Konsumenten gewonnen wurden und somit die Frage der richtigen Erfassung der Verluste offen lassen, gewonnen wurden.

Die Strompreisgestaltung 61

Maßgebend für die im Kraftwerk zu installierende Leistung (von der erforderlichen Reserve abgesehen) ist die größte Belastungsspitze, die während des Betriebes dieses Kraftwerkes auftritt. In der Abb. 13 stellt N_{max} diese Höchstbelastung dar, die z. B. durch die Verbrauchergruppen $I \ldots IV$ gebildet ist. Es ist berechtigt, die Verbrauchergruppen an den Investitionskosten für das Kraftwerk entsprechend ihrem Anteil an der Maximalbelastung teilnehmen zu lassen, d. h. die vier Verbrauchergruppen haben die Investitionskosten zu $\frac{N_I}{N_{max}} \cdot 100\%$, $\frac{N_{II}}{N_{max}} \cdot 100\%, \ldots \frac{N_{IV}}{N_{max}} \cdot 100\%$

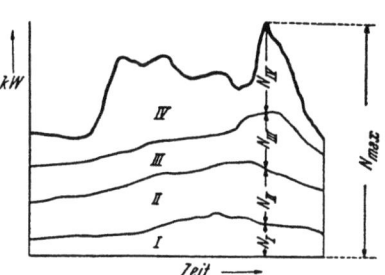

Abb. 13. Spitzenanteilverfahren

zu bestreiten. Das Heranziehen der Konsumentengruppen an den Investitionskosten nach dem hier definierten Anteil ergibt das *Spitzenanteilverfahren.*

B. Die Strompreisgestaltung

1. Allgemeine Betrachtungen

Den Betrachtungen über die Strompreisbildung muß folgende Tatsache vorangestellt werden: Die Erzeugungskosten der elektrischen Energie als Grundlage jeder Preisbestimmung setzen sich nur zu einem geringen Teil aus Kosten zusammen, die den Preis der Einheit — der kWh — eindeutig mitbilden (Kosten der Energieträger Kohle, Dieselöl). Der größere Teil wird durch Zinsen, Verwaltungsspesen, Löhne, Jahresgrundpreis bei Fremdbezug usw. gebildet. Sie lassen sich auf die einzelne kWh nicht eindeutig aufteilen. Diese Tatsache begründet ausreichend das Aufstellen der Behauptung, daß sich das Problem der Strompreisbestimmung keiner unanfechtbaren Lösung zuführen läßt. Darüber hinaus erschweren rein betriebstechnische Belange die Erfassung der Selbstkosten einer bestimmten kWh: Sie sind davon abhängig, ob sie jeweils von einem kalorischen oder einem hydraulischen Werk geliefert wurde, von der Lage dieses Werkes, von der jeweiligen Belastung des Werkes, der Leitungen usw. Der Satz „kWh ist kWh" gilt somit nicht für den Stromlieferanten, er gilt jedoch für den Konsumenten, dem die kWh stets den gleichen Nutzen bringt, gleichgültig, ob sie von einem nahen oder einem entfernten, von einem hydraulischen oder kalorischen Werk, von einer voll- oder teilbelasteten Maschine stammt. Die Selbstkosten der Stromerzeugung lassen sich somit nur für die Gesamterzeugung, die in einer längeren Zeitdauer getätigt wurde, erfassen, für welche sich wohl nur ein Mittelwert der erzeugten kWh errechnen läßt. Es ist jedoch nicht diskutierbar, allen Konsumenten die kWh zu einem einheitlichen Mittelwert — dem der vorerwähnte Mittelwert der Erzeugungskosten zugrunde gelegt wäre — in Rechnung zu stellen. Eine Differenzierung der Preise ist aus den zwei vorerwähnten Gründen unvermeidlich: 1. die Verschiedenheiten der Ortslage der Konsumenten innerhalb der Gesamtanlage (s. Abb. 9), 2. die Verschiedenheit der Inanspruchnahme der Maschinenkapazität, die zum Entwurf des Spitzenanteilverfahrens anregte (s. Abb. 13).

Als weitere Kriterien für die Differenzierung der Strompreise wurden in Vorschlag gebracht: die Nutzenschätzung und die Intensivität der Stromverwendung. Am wertvollsten ist die elektrische Energie jenen Konsumenten, für welche sie ein unersetzbarer und unentbehrlicher Rohstoff der Erzeugung ist: Beim Unterbleiben der Stromlieferung muß der Konsument seinen Betrieb einstellen. Man kann von einer geringeren Nutzenschätzung nur dann sprechen, wenn dem Konsumenten eine Ersatzenergiequelle zur Verfügung steht. Aus der Unentbehrlichkeit des Rohstoffes „kWh" — diese Voraussetzung trifft für die überwiegende Anzahl der Erzeugungszweige zu — darf der Stromlieferant die Forderung ableiten, daß der kWh ein angemessener prozentueller Anteil des

Preises des erzeugten Artikels zugestanden wird. Zum Kriterium Intensivität der Stromverwendung: Es ist gerechtfertigt, bei höherem Stromverbrauch einen verminderten Strompreis festzulegen und umgekehrt. Dieser Vorgang entspricht unserer Handelspraxis, die die sogenannten Mengenrabatte anerkennt.

Diese Hinweise legen sowohl dem Tarifersteller als auch dem Konsumenten die Pflicht auf, die Frage der Strompreisermittlung bzw. die Suche nach dem „gerechten Preis" (justum pretium) mit einer gewissen Großzügigkeit zu behandeln.

Von der Strompreiserrechnung muß tunlichst Übersichtlichkeit und Einfachheit erwartet werden: Der Konsument muß jederzeit in der Lage sein, die Kosten seines erfolgten Verbrauches selbst zu ermitteln und den Verbrauch, den er sich leisten darf, festlegen können, sobald er die hiefür zu verausgebende Summe festsetzte. Der in der Schweiz geübten Unterscheidung zwischen Sommer- und Winterstrompreis kann bei gleicher Struktur zugestimmt werden, da die Erzeugung im Sommer in Laufkraftwerken billiger ist als die des Winters in kalorischen und Speicherwerken.

Von einer lehrbuchartigen Schrift darf nicht erwartet werden, daß sie die „gerechten Strompreise" ermittelt, sie muß sich darauf beschränken, die Gesichtspunkte, die ihrer Ermittlung zugrunde zu legen sind, festzusetzen und zu erläutern. Es seien nachfolgend solche Gesichtspunkte aufgezählt:

a) Wahrung der Konkurrenzfähigkeit der industriellen und gewerblichen Konsumenten, indem dort, wo es die Konkurrenzfähigkeit zuläßt, die Preise angezogen, bei bedrohter Konkurrenzfähigkeit die Preise jener angepaßt werden;

b) grundsätzlich darf dem Erzeuger eines jeden Gegenstandes ein solcher Erlös zugebilligt werden, daß er mit diesem einen gleichen Gegenstand zu erzeugen vermag. Der Fabrikant muß aus dem Erlös auch die Werkzeuge und Maschinen erneuern können, die sich im Laufe der Erzeugung abbrauchten. Er hat daher einen angemessenen Anteil hiefür in den Verkaufspreis einzurechnen, da er sonst nicht in der Lage ist, nach Abbrauch der Einrichtung die Erzeugung fortzusetzen. Dieser Anteil ist die Erneuerungsrücklage (Abschreibung). Kennzeichnend für die Ware „kWh" ist die besondere Gefährdung der Erzeugungs- und sonstigen Anlagen durch höhere Gewalt (Blitz, Hochwasser usw.), die mit der Möglichkeit der vorzeitigen Außerbetriebnahme verbunden ist. Die Erneuerungsrücklage soll die Möglichkeit des Ersetzens solcher Teile ermöglichen. Schließlich bedingt die Preisbildung der kWh auch Rücksichtnahme auf die folgende Eigenheit der Stromversorgung: Sie betrifft einen unentbehrlichen Bedarfsartikel, der ausnahmslos allen Staatsbürgern zur Verfügung stehen muß. Soweit diese Forderung nicht erfüllt ist, soll der Erlös aus dem Verkauf der kWh herangezogen werden können, um das volle Versorgungsgebiet zu erschließen. Diesen Anteil bildet die Erweiterungsrücklage;

c) industrielle und gewerbliche Betriebe sind mit Strompreisen zu belasten, die dem stromliefernden Unternehmen einen angemessenen prozentuellen Anteil am Preise des Erzeugnisses sichern. Je intensiver der Stromgebrauch ist, desto höher ist der prozentuelle Anteil zu bemessen. Diese Forderung sei an Hand eines Beispiels erläutert, das nicht als quantitativ richtiger Anwendungsfall zu werten ist: Eine Tonne Rohaluminium koste 11000 S, ihre Erzeugung beanspruche 30000 kWh/t oder 30 kWh/kg. Brot nimmt bei seiner Erzeugung nur 0,2 kWh/kg in Anspruch und koste 3,40 S/kg. Wird festgelegt, daß die elektrische Energie mit 5 % am Preis des Brotes, mit 15 % am Preis des Aluminiums beteiligt ist, so hat der Aluminiumerzeuger für 30 kWh 165 g oder 5,5 g/kWh zu bezahlen. Der Broterzeuger hat hingegen für 0,2 kWh 17 g oder 85 g/kWh zu bezahlen. Der Kupfererzeuger, der 6 kWh/kg verwendet, wäre dann (durch Interpolation gewonnen) mit 7 % seines Verkaufspreises zu belasten. Wird der Kupferpreis mit 30 S/kg angenommen, so hat er somit für 6 kWh 210 g oder 35 g/kWh zu bezahlen usw. Eine solche Preisstromregelung schaltet Auseinandersetzungen über die jeweilige „Nutzenschätzung" aus, es wird sich in vielen Fällen die Preisregelung durch „Sonderverträge" erübrigen;

d) die aus den Stromeinnahmen gewonnenen Rücklagen sind nicht für das Erschließen neuer Versorgungsgebiete heranzuziehen, sie haben sich auf die Erweiterung der Anlagen des eigenen Gebietes zu beschränken;

e) die Strompreise haben sozial zu sein, indem auf die Zahlungskraft der Konsumenten Rücksicht genommen wird. Es haben die Lichtstrompreise z. B. die ausreichende Inanspruchnahme des Stromes zuzulassen.

Der Stromverkaufspreis wird durch das *Stromtarifsystem* definiert. Jedes Tarifsystem ist durch einen Rechenausdruck gekennzeichnet. Für jede Konsumentengruppe werden konkrete Werte festgelegt, die in diese Rechenausdrücke einzusetzen sind. Mit Konsumenten, die sich in keine der üblichen Gruppen einreihen lassen oder bestimmte Voraussetzungen der Stromabsatzmengen und -zeiten erfüllen, werden Sonderverträge abgeschlossen. Besondere Preise bedingt der Stromexport. Die Formel (s. später) des Stromtarifsystems und die einzusetzenden Werte der jeweiligen Konsumentengruppe ergeben den Strompreis bzw. den Erlös einer kWh. Die Strompreise beeinflussen sehr stark den Stromverbrauch und die Stromverbrauchskurve. Die Stromverbraucher, die sich durch tarifarische Maßnahmen in die Senken der Belastungskurve drängen lassen, sind recht spärlich. Keinesfalls sind hiezu die Lichtstromverbraucher zu zählen, Gewerbe und Industrie können hiefür in nur sehr geringem Maße gewonnen werden. Den Versorgungsunternehmen stehen jedoch andere Wege offen, um das Auffüllen der Belastungssenken zu erzielen: Förderung der Technik der Speicherung der elektrischen Energie, ein noch gänzlich vernachlässigter Zweig, zu dem an erster Stelle die Erzeuger von Laufenergie interessiert sein sollten.

Es sei nunmehr die Frage der Erzeugungskosten der elektrischen Energie behandelt. Die Vorausbestimmung dieser

Kosten ist nur auf Grund bestimmter Annahmen, notfalls sogar Vermutungen möglich. Eine zu feine Unterteilung der Kosten in Komponenten, die ihrem Wesen nach ähnlich sind, erschwert die Übersicht, ohne das Ergebnis zu verfeinern. Wie bereits angedeutet, läßt sich die gestellte Aufgabe keiner eindeutigen Lösung zuführen, sie läßt vielmehr mehrere Lösungen nebeneinander zu.

2. Die Kosten der Stromerzeugung

Die Gesamtkosten seien in die folgenden vier Komponenten aufgespalten: a) Kapitalkosten und Dividende, b) Rücklagen, c) Betriebskosten und d) Brennstoffkosten. Die Komponenten a) und b) ergeben die *Investitionskosten*, die Komponenten a), b) und c) ergeben die *festen* Kosten (sie sind von der Erzeugung unabhängig), die Komponente d) umfaßt die *beweglichen* Kosten (sie hängen von der Erzeugung ab).

a) Kapitalkosten und Dividende. Von dem kaum zu erwartenden Ausnahmefall, daß das Stromerzeugungsunternehmen ausschließlich mit Eigenkapital arbeitet, abgesehen, ist der Kapitaldienst, durch Verzinsung und Tilgungsbeträge für das Fremdkapital bedingt, meistens der Hauptanteil an den Selbstkosten der Stromgewinnung, -fortleitung und -verteilung. Unter Tilgung sei hier und bei den späteren Betrachtungen stets die verzinsliche Rückzahlung der Anleihe verstanden.

Es sei mit K das für die Errichtung der Anlage investierte Kapital, mit n die Laufdauer der Anleihe in Jahren, mit p der Prozentsatz und mit i der Zinsfuß $\left(i = \frac{p}{100}\right)$ bezeichnet. Die Anleihebewerber streben stets einen tunlichst niedrigen Zinsfuß und eine lange Laufdauer an. Durch den Strompreis muß die jährliche Verzinsungs- und Amortisationsquote R aufgebracht werden. Diese Jahresquote wird gewöhnlich für die gesamte Laufdauer gleich hoch gehalten. Liegen K, p und n fest, so errechnet sich die Tilgungsquote R wie eine Ren-

Die Strompreisgestaltung

tenrate, die dem Barwert K entspricht. Es sollen folgende Bezeichnungen eingeführt werden:

Aufzinsungsfaktor $r = 1 + i$,

Abzinsungsfaktor $v = \dfrac{1}{r} = \dfrac{1}{1+i}$,

Barwert der n-mal zahlbaren nachschüssigen Rente 1

$$\bar{a}_n = v + v^2 + \ldots + v^n,$$

Barwert der n-mal zahlbaren vorschüssigen Rente 1

$$\bar{A}_1 = 1 + v + v^2 + \ldots + v^{n-1}.$$

Rente, die n-mal nacheinander vom Barkapital 1 abgehoben werden kann, oder die Annuität, die n-mal zur Tilgung der verzinslichen Schuld 1 gezahlt werden muß

$$\bar{i}_n = \dfrac{1}{\bar{a}_n},$$

Rente wie vor, jedoch Bezahlung zu Beginn

$$\bar{I}_n = \dfrac{1}{\bar{A}_n}.$$

Die hier angedeuteten Größen lassen sich bereitgestellten Tabellen entnehmen.

Den Vergleichen der Kapitalkosten zweier Anlagen verschiedener Energieträger, z. B. Dampf und Wasser, sind die Lebensdauern dieser zwei Anlagen zugrunde zu legen. Wie Schoeller in· seinem Vortrag „Elektrizitätsverbundwirtschaft unter besonderer Berücksichtigung der Bedeutung von Wasser und Braunkohle" (s. Tagungsberichte des Energiewirtschaftlichen Institutes der Universität Köln, H. 1) ausführt, beträgt die Lebensdauer eines Wasserkraftwerkes im Mittel etwa das 3 ... 4fache jener eines Hochdruck-Dampfkraftwerkes. Nach Schoeller kann somit mit der gleichen Abschreibungssumme beim Wasserkraftwerk der sechsfache Anlagenwert einer Hochdruck-Dampfkraftanlage abgeschrieben werden. Der Anlagewert der Wasserkraftwerke beträgt jedoch bei den ausgebauten Werken im Mittel nur das 2,5-fache. Bezeichnend ist die Folgerung Schoellers, daß das Wasserkraftwerk je ausgebautes kW durch die Abschreibungen keinesfalls höher belastet wird als ein Dampfkraftwerk, woraus er auf die Zweckmäßigkeit der Intensivierung des Ausbaues der Wasserkraft schließt.

Der Werdegang eines Elektrizitätsversorgungsunternehmens ist im allgemeinen der folgende: Die an der Errichtung eines Kraftwerkes zwecks Versorgung mit elektrischer Energie interessierten Personen oder Körperschaften streben die Aufnahme ausreichender Kredite an und weisen ihre Kreditfähigkeit durch das Anlegen des Aktienkapitals nach: Gegen Ausfolgung der Aktien stellt der Aktionär Kapital zur Verfügung. Erst nach erfolgtem Nachweis der Kreditwürdigkeit kann das Unternehmen einen Kredit aufnehmen. Das Aktienkapital muß verzinst werden. Diese Verzinsung erfolgt in Form der Dividende, die mit der üblichen Verzinsung des anderweitig angelegten Kapitals in Einklang zu stehen hat.

Die Dividende stellt eine gegenüber dem Kapitaldienst nur geringfügige Komponente der Kosten des Unternehmens dar; sie sei deshalb in den Betrachtungen der nächsten Kapitel nicht besonders berücksichtigt, und es sei angenommen, daß sie in den mit 7 % geschätzten Kapitalskosten bereits enthalten ist.

b) Rücklagen. Die Erneuerungs- und Erweiterungsrücklagen wurden bereits unter B 1 begründet. Steht eine Anlage die volle ihr zugemutete Lebensdauer in Verwendung, so kann sie hierauf nur dann erneuert werden, wenn die Erneuerungsrücklage durch die zwischenzeitige Verzinsung den Anschaffungswert ergibt. Auch aus dem folgenden Grunde sind Reserven bereitzustellen: Die Technik bringt von Zeit zu Zeit Neuerungen hervor, die die Wirtschaftlichkeit und Sicherheit des Betriebes stark zu fördern vermögen (es sei an den Überspannungsschutz, Generatorschutz, Erdschlußschutz usw. erinnert). Damit sich das Unternehmen den Fortschritt der Technik zunutze machen kann, müssen stets Re-

Die Strompreisgestaltung

serven verfügbar sein. Das Schwanken des Dargebotes an naturgegebener Energie und des Verbrauches durch den Konsumenten läßt es ratsam erscheinen, die Rücklagen — zumindest zum Teil — folgendermaßen zu erwerben: Einnahmen und Ausgaben sollen auch unter den ungünstigsten Voraussetzungen über Wasserdargebot und Konsum im Einklang stehen; die unter günstigeren Voraussetzungen eingehenden Einkünfte werden als Rücklagen herangezogen.

c) **Betriebskosten.** Sie umfassen die Personal- und Verwaltungskosten. Die ersten hängen von der Art der Anlage — Dampf- oder Wasserkraft — ab und müssen in jedem Einzelfall ermittelt, d. h. tunlichst genau geschätzt werden. Die Kosten der Verwaltung (für das Verwaltungspersonal, für Pensionen, Subventionen, Zinse, Gebäudeverwaltung, Beleuchtung und Beheizung, Transportmittel, Versicherungen, Steuern, Betriebsmittel usw.) hängen vom Aufgabenkreis des Betriebes (reine Stromerzeugung, Stromerzeugung und Verteilung usw.) ab. Einige übliche Promillesätze für Versicherung sind: Feuerversicherung 8, Maschinenbruch Kessel 4, Dampfturbinen 9, Wasserturbinen 4, Generatoren 7, Transformatoren 10, Schaltanlagen 3. Weitere Betriebskosten sind die Steuern und Abgaben, u. zw. Körperschaftssteuer, Gewerbesteuer, Vermögenssteuer, Aufbringungsumlage, Lohnsummensteuer, Lohnsteuer, Grundsteuer und Grundumlage.

d) **Brennstoffkosten.** Sie werden stets loko Verbrauchsstelle verstanden. Für den gleichen Brennstoff können sie je nach der Größe und der Bauart der thermischen Anlageteile (Feuerung, Maschinen, Dampferzeugung, Überhitzung, Kondensation) derselben als auch verschiedener Typen und gleicher Größe verschieden sein. Eine Anlage weist im allgemeinen mit zunehmender Größe der Stromerzeugung höhere Wirtschaftlichkeit auf. Für ein und dieselbe Maschine ist der Brennstoffverbrauch leistungsabhängig: Der höchste Wirkungsgrad tritt meistens unterhalb der Höchstleistung auf und erfordert dort die geringsten spezifischen Brennstoffkosten. Bei weiterem Sinken der Belastung verschlechtert sich allerdings der Wirkungsgrad fühlbar. Auch der spezifische Brennstoffverbrauch der Dieselmaschinen nimmt mit abnehmender Leistung zu. Bei gleichzeitigem Betrieb mehrerer termischer Maschinen ist der spezifische Verbrauch von der Aufteilung der Lasten auf diese Maschinen abhängig. Es muß mit dem folgenden spezifischen Verbrauch gerechnet werden:

bei Kohlenfeuerung und großen Maschinen	4000 kcal/kWh
dsgl. bei Teillasten	6000 ... 8000 ,,
bei Kohlenfeuerung und kleinen Maschinen	5000 ... 6000 ,,
bei großen Dieselmotoren und Vollast	220 g/kWh
dsgl. bei Viertellast	240 ,,
bei kleinen Dieselmotoren und Vollast	250 ,,
dsgl. bei Viertellast	280 ,,

e) Betrachtungen über die Anteile der Stromerzeugungskosten. Die genauen mittleren Erzeugungskosten der kWh lassen sich nur retrospektiv für ein Bilanzjahr durch die Division der festgestellten Ausgabensumme durch die Ablesung des Summenzählers ermitteln. Soll die gleiche Ermittlung für einen bestimmten Monat oder Tag dieses Bilanzjahres erfolgen, so ist sie nur bezüglich der Betriebskosten und der Brennstoffkosten durch einen zu errechnenden Mittelwert eindeutig möglich, da die Betriebskosten bekanntlich pro Monat festgelegt werden und die Brennstoffkosten auf Grund der Betriebsaufzeichnungen und der Einstandspreise ermittelt werden können. Bezüglich der Investitionskosten müssen jedoch Annahmen getroffen werden, wodurch das gestellte Problem mehrdeutig wird. Es lassen sich die Annahmen machen, daß sie sich gleichmäßig auf das ganze Jahr oder auf die Gesamterzeugung aufteilen. Die erste Annahme würde zu untragbaren Ergebnissen führen (würden z. B. die Kapitalkosten pro Tag ermittelt werden, so ergäbe sich bei der stets kleinen Sonntagsbelastung auch dann ein nicht zu verant-

Die Strompreisgestaltung 71

wortender hoher kWh-Preis, wenn die Tagesarbeit ausschließlich von Wasserkraftwerken aufgebracht wird). Aber auch die zweite Annahme ist wirtschaftlich nicht zu rechtfertigen: Der Lichtstromverbraucher, der nur kurzzeitig Strom bezieht und die Investition hoher Maschinenleistungen verursacht, muß stärker zur Aufbringung der Kapitalkosten und Rücklagen herangezogen werden, als z. B. der ein Leistungsband beanspruchende Bahnbetrieb usw. Diese Korrektur erfolgt durch die Anwendung des besprochenen Spitzenanteilverfahrens.

Die Frage der Höhe der Selbstkosten einer zu erzeugenden kWh ist auch aus anderen Gründen mehrdeutig: Sie hängen vom Verbrauch in der Zukunft ab, der konjunktur- und wetterabhängig ist; die Personalkosten können durch Forderungen, die durch Vereinbarungen oder sonstwie durchgesetzt werden, Änderungen erfahren; nicht vorauszusehen sind die Kosten für Instandsetzungen usw.; die Brennstoffkosten sind außer von den Schwankungen, welchen jene erfahrungsgemäß unterworfen sind, auch vom Mengenverhältnis der kalorischen und hydraulischen Erzeugung abhängig usw.

Die Mehrdeutigkeit des Problems der Stromerzeugungskosten bedingt somit das Treffen grundsätzlicher Annahmen, bevor an jenes geschritten werden kann. Es seien daher folgende Annahmen bezüglich der *Investitionskosten* getroffen (außer der Anwendung des Spitzenanteilverfahrens):

a) Der Stromverbraucher ist zur Deckung der Investitionskosten nur für jene Investitionen heranzuziehen, die er auch tatsächlich in Anspruch nimmt (Ortstransformator und -netz gehen z. B. nur zu Lasten der Verbraucher im Orte);

b) Blindstromverbraucher haben sich nur an den Kosten der Antriebsmaschine proportional der bezogenen Wirkleistung zu beteiligen. An Generator, Transformator und Freileitung ist ihr Anteil proportional $1/\cos^2\varphi$ zu vergrößern, da hier die Verluste dem Quadrat des effektiv durchgeschickten Stromes proportional sind;

c) der Konsument, der sich die Zeiten seines Stromverbrauches vorschreiben und in die Stunden der Belastungssenken drängen läßt, ist hiefür mit einer angemessenen Preisherabsetzung zu entschädigen.

Bezüglich der *Betriebskosten* sei die Annahme gemacht, daß sie sich gleichmäßig auf alle erzeugten kWh aufteilen, so daß auf jede derselben stets der gleiche Anteil entfällt. Bezüglich der *Brennstoffkosten* sei die folgende Annahme getroffen: Die in einem Zeitraum z. B. einer Stunde erwachsenden Brennstoffkosten teilen sich gleichmäßig auf die in diesem Zeitraum erzeugten kWh auf.

Die angedeutete Abhängigkeit der Stromerzeugungskosten von dem jeweiligen Kraftwerkseinsatz folgt keiner Gesetzmäßigkeit, da sich die angestrebte Reihenfolge des Einsetzens der Kraftwerke und Maschinen entsprechend ihrer Erzeugungskosten nicht immer streng einhalten läßt. Der Einsatz der thermischen Werke vor einer Belastungsspitze bedingt einen zeitweisen Leerlauf derselben, der die Stromerzeugung während dieser Dauer unvermeidlich verteuert. Die Aufteilung einer bestimmten Leistung ist durch die ihr vorausgegangene Inanspruchnahme der Werke beeinflußt und kann unter sonst identisch scheinenden Belastungsverhältnissen verschieden sein.

Die Erzeugungskosten der kWh sind vom Grad der jeweils durchgeführten Tilgung der Investitionssummen abhängig. Sie werden durch Änderungen der Valuta stark beeinflußt. Da jene gewöhnlich eine sinkende Tendenz aufweisen und die Kapitalkosten oft mit abgesunkener Valuta abgegolten werden, verursachen Valutaänderungen gewöhnlich ein Senken der Stromerzeugungskosten. Wir wollen als eine *neue* Anlage eine solche bezeichnen, die mit unveränderter, d. h. nicht abgewerteter Valuta zu tilgen ist. Es erfahren dann die Kapitalkosten keine Wertänderung. Als *alte* Anlage wollen wir eine solche bezeichnen, deren Investitionssumme fühlbar getilgt ist bzw. mit der späteren, abgewerteten Valuta zu tilgen ist.

3. Die Kosten der Stromfortleitung und -verteilung

Die Übergangsmittel (Freileitungen und Kabel) und Umspanner bedingen vorerst die gleichen Kosten — ausgenommen die Brennstoffkosten — wie die Stromerzeugung: Kapitaldienst, Betriebskosten, die durch die Instandhaltung, laufende Überwachung der Leitungen und Transformatoren bedingt sind, und durch Rücklagen, wieder für Erneuerung und Erweiterung. Für ihre Erfassung sind die gleichen Gesichtspunkte wie für die Erzeugungskosten maßgebend. Darüber hinaus geht in Transformatoren und Leitungen Leistung verloren. Der Konsument muß somit mehr Energie bezahlen als er verbraucht. Infolge der stets gleichzeitigen Inanspruchnahme des Übertragungsmittels durch mehrere Konsumenten müssen die aus der Summe der Zählerablesungen abgeleiteten Verluste auf jene aufgeteilt werden. Hiefür ist jedoch nicht der Zählerangabe zugrunde liegende Wirkstrom maßgebend, sondern vielmehr der Gesamtstrom $J = \dfrac{J_w}{\cos \varphi}$. Die Leistungsverluste sind dem Quadrat dieses Stromes proportional. Nimmt vorerst ein dreiphasig angeschlossener Stromverbraucher die Leitung des Ohmschen Widerstandes w allein in Anspruch, so verursacht er beim Gesamtstrom J A den Wirkverlust in W $3 J^2$ w $= N_v$ W. Wird die Leitung außer durch J noch durch weitere Ströme beansprucht, so daß der unverändert vorausgesetzte Wert J bloß $1/_2$, $1/_3$, $1/_4$ ... des gesamten übertragenen Stromes ist, so wird der durch ihn allein verursachte Verlust das 2-, 3-, 4- ... fache des ursprünglichen Verlustes hervorrufen. Nun sind die übertragenen Ströme ebenso wie der Abnahmeleistungsfaktor dauernd Änderungen unterworfen. Die Verluste eines jeden Konsumenten lassen sich somit nicht streng erfassen. Ähnlich liegen die Verhältnisse beim Umspanner: Er verursacht die Leerlaufverluste, die von der Belastung unabhängig sind, einen festen Leistungswert darstellen und in der gesamten Dauer des Anschlusses auftreten. Darüber hinaus ergeben sich die Kupferverluste des Transformators, die dem Quadrat des ihn durchfließenden Stromes proportional sind. Ebenso schwierig wäre es, die Verluste, die jeder Konsument für sich in einem Verteilnetz verursacht, streng erfassen zu wollen. Es darf bei der Festlegung der Verluste keinesfalls auf die Lage des Konsumenten innerhalb des geschlossenen Ortsnetzes Rücksicht genommen werden, obwohl der dem Umspanner näher gelegene Konsument weniger Verluste verursacht als der weiter gelegene usw. Die Selbstkosten der Stromfortleitung und -verteilung lassen sich daher nur dahingehend bestimmen, daß vom Anschaffungswert der Einrichtung ausgegangen wird, der Kapitaldienst für jeden Konsumenten erfaßt wird, die Betriebskosten und Rücklagen festgelegt werden und die Aufteilung dieser Kosten auf die Konsumenten nach einem festzulegenden Schlüssel erfolgt.

Als Richtwerte für die Anschaffungskosten von Freileitungen seien angegeben: für 1 km Niederspannungsfreileitung je nach Querschnitt 25 000 bis 30 000 S, für 1 km 20-kV-Holzmastleitung 60 000 S, für 1 km 60 kV-Stahlleitung (Einfachleitung) 120 000 S, für 1 km 110-kV-Stahlleitung (Doppelleitung) 600 000 S, für 1 km 220-kV-Stahlleitung (Doppelleitung) 750 000 S (Stand 1. I. 1952).

4. Die Stromtarifsysteme

Unter Stromtarifsystem sei der mathematische Aufbau verstanden, nach welchem in jedem Einzelfall der Tarif, d. h. der Strompreis zu ermitteln ist. Die Formel hiezu läßt das Prinzip erkennen, das der Preisfestlegung zugrunde liegt. Außer der vom Stromtarif zu fordernden Einfachheit und Übersichtlichkeit muß sich die Preiserrechnung den verfügbaren Meßeinrichtungen, d.' s. die Zähler, anpassen. Dieser zeigt nur die Arbeit an, die zwischen zwei Ablesungen verbraucht wurde. Diese Arbeit kann sowohl als kurzzeitige Leistungsspitze als auch als eine gleichförmige, sich über die gesamte Zeit erstreckende Leistung verbraucht worden sein.

Die Strompreisgestaltung 75

Die Erfassung durch den Zähler wird als die „arbeitsmäßige" bezeichnet. Die „leistungsmäßige" Erfassung setzt voraus,

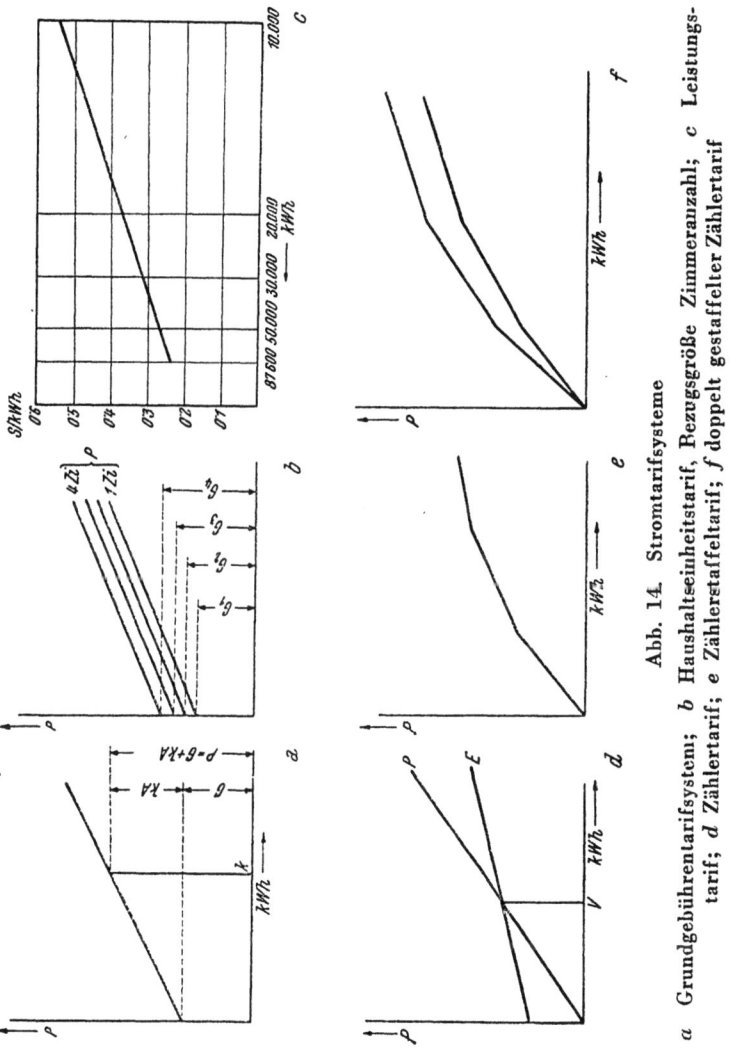

Abb. 14. Stromtarifsysteme
a Grundgebührentarifsystem; *b* Haushaltseinheitstarif; Bezugsgröße Zimmeranzahl; *c* Leistungstarif; *d* Zählertarif; *e* Zählerstaffeltarif; *f* doppelt gestaffelter Zählertarif

daß beim Verbraucher ein Registrierwattmeter aufgestellt wird. Es ist begründet und aus erzieherischen Gründen erforderlich, Stromverbrauchern fühlbarer Blindstrommengen den Blindleistungsverbrauch anzurechnen, um den Konsumenten zur Eigenerzeugung des Blindstromes an Ort und Stelle zu verhalten.

In dem Bestreben, die festen und die beweglichen Kosten gesondert zu erfassen, wurde entwickelt

a) Das Grundpreistarifsystem und das Leistungstarifsystem. Beim *Grundpreistarif* besteht der Preis P aus dem Grundpreis G (in der Schweiz auch Abonnementtaxe genannt) zuzüglich des Produktes des Verbrauches von $k\,kWh$ mit dem Arbeitspreis A pro kWh (s. Abb. 14 a) d. h.

$$P = G + k \cdot A.$$

Bezüglich des Grundpreises sind folgende Varianten üblich:

1. Er wird auf Grund einer festgelegten Bezugsgröße festgelegt, wie Anzahl der Räume, Anzahl oder Anschlußwert der Verbrauchsgeräte usw. Die Eignung der vorgeschlagenen Bezugsgrößen soll noch besprochen werden. Der Grundpreistarif setzt somit keine Leistungsermittlung voraus;

2. er wird in Abhängigkeit von einer Leistung festgelegt, die entweder durch ein Wattmeter oder einen Zähler mit Maximumanzeige festgestellt oder — falls für den Verbraucher ein eigener Transformator aufgestellt wurde — dem Leistungsschild entnommen wird. Ein solcher Tarif wird deshalb als *Leistungstarif* bezeichnet. Es wird ein Grundpreis G_1 — hier auch Leistungspreis genannt — als Produkt der ermittelten Leistung N und dem Preis g pro kW und Jahr festgelegt und außerdem ein kWh-Preis A vorgeschrieben. Bei jährlicher Abrechnung ergibt sich somit der Preis P_j der verbrauchten k_j kWh zu

$$P_j = N \cdot g + k_j \cdot A$$

bzw. der Preis p der kWh aus

$$p = \frac{N \cdot g}{k_j} + A.$$

Die Strompreisgestaltung

Bei monatlicher Abrechnung der während dieser Zeit verbrauchten k_m kWh ergibt sich ihr Preis P_m zu

$$P_m = \frac{N \cdot g}{12} + k_m \cdot A$$

bzw. der kWh-Preis zu

$$p_m = \frac{N \cdot g}{12 k_m} + A.$$

Fallweise gelangen sowohl ein Grundpreis als auch ein Leistungspreis zur Anrechnung. Aus der Fülle der vorgeschlagenen Bezugsgrößen für das Grundpreistarifsystem seien erwähnt:

Unmittelbare Bezugsgrößen: die installierte Leistung, die Zählergröße, der Anschlußwert, die Lampenanzahl, die Anzahl der Lichtanschlußstellen (elektrische Bezugsgrößen);

mittelbare Bezugsgrößen: Anzahl der Räume, Grundfläche der Wohnung, der Mietzins.

Die Verschiedenheit der angewandten Bezugsgrößen erschwert den Preisvergleich bzw. macht ihn oft unmöglich.

Die unmittelbaren Bezugsgrößen haben sich nicht bewährt, da sie absatzhemmend wirken. So regt das Heranziehen der Anzahl der Lichtanschlußstellen an, sie herabzusetzen, des Anschlußwertes schwache, das Augenlicht gefährdende Lampen zu verwenden. Ein weiterer Nachteil ist die erforderliche laufende Kontrolle. Um die absatzhemmende Wirkung der unmittelbaren Bezugsgrößen abzuschwächen, werden bei ihrer Heranziehung Stufungen festgelegt.

Von den mittelbaren Bezugsgrößen seien für unsere Betrachtungen der Mietzins, der in der Schweiz angeregt wurde, ausgeschaltet, da er aus Gründen, deren Aufzählung sich hier erübrigt, für österreichische Verhältnisse nicht geeignet ist. Das Heranziehen der Anzahl der Räume und der Grundfläche der Wohnung bedingt die Unterscheidung zwischen Haupt- und Nebenräumen, die verschiedenartig vorgenommen wird und den Preisvergleich zusätzlich erschwert. Eingehende Studien über die Eignung der vorgeschlagenen Bezugsgrößen wurden in der Schweiz angestellt und eine „Korrelation" aufgestellt: Ist diese gleich 1, so bedeutet dies, daß die Bezugsgröße vollauf entspricht und keine Streuung auftritt. Ist sie gleich 0, so besteht zwischen Bezugsgröße und Stromverbrauch kein Zusammenhang. Eingehende statistische Erhebungen haben ergeben, daß in den folgenden Fällen die Korrelation 0,5 aufscheint: a) Anzahl der Haupträume, b) Grundfläche, c) Anzahl der Haupträume und Nebenräume. Es darf nicht verwundern, daß die Korrelation von 1 abweicht, da weitere Faktoren durch sie beeinflußt werden, wie Personenanzahl, Lebensstandard und Lampenanzahl.

Die überwiegende Mehrheit der Haushalte verwenden die elektrische Energie außer für Beleuchtung auch für Kraftzwecke (Staubsauger, Küchenmotoren u. dgl.) und für Wärme (Heizkissen, Öfen u. dgl.). Solange der Strom für diese Zwecke im gleichen Verhältnis wie für die Beleuchtung die Zeit der Belastungsspitzen in Anspruch nimmt, erfordert die gerechte Anrechnung von Stromkosten einheitliche Strompreise für den Licht- und Kraft- bzw. Wärmestrom des Haushaltes. Es darf jedoch berechtigterweise angenommen werden, daß der Haushalt den Kraft- und Wärmestrom zum großen Teil außerhalb der Lichtspitze bezieht. Es ist dadurch gerechtfertigt, den Kraft- und Wärmestrom der Haushalte zu einem verminderten Preis in Rechnung zu stellen. Das angedeutete Problem wird dann einer folgerichtigen Lösung zugeführt, wenn der vom Haushalt konsumierte Strom für Kraft- und Wärmezwecke in einem eigenen Stromkreis verbraucht und gezählt wird und Sperrschalter die Inanspruchnahme des Stromes in der Spitzenzeit verhindern. Diese Lösung ist aber mit dem Nachteil verbunden, Änderungen der Hausinstallation (zumindest einen zweiten Zähler und eigenen Stromkreis) zu bedingen bzw. Neuinstallationen unerwünscht kompliziert zu gestalten. Darüber hinaus erweist sich *ein* Stromkreis und Zähler für die Zwecke des Haushaltes

Die Strompreisgestaltung

an Kraft- und Wärmestrom als unzureichend, da gewöhnlich auch zwischen Kraft- und Wärmestrom in der Preiserstellung unterschieden wird. Das Bestreben der Elektrizitätswerke geht nunmehr dahin, für alle Zwecke des Haushaltes einen *Einheitstarif* zu erstellen. Hierunter ist somit nicht eine neue Tarifform zu verstehen, da der Strom nach wie vor nach dem üblichen Tarifsystem verrechnet wird. Vielmehr ist darunter die Zusammenfassung mehrerer Verwendungsarten des Stromes zu einem einheitlichen Arbeitspreis zu verstehen. Solange sich das Heranziehen des Stromes für andere als Lichtzwecke innerhalb enger Grenzen verhält, hat sich der Einheitstarif bei den Haushalten eingeführt und gibt zu keinen besonderen Beschwerden Veranlassung. Wird jedoch der Heizstrom in größeren Mengen wie z. B. für Durchlauferhitzer herangezogen, so beinhaltet der Einheitstarif für beide Vertragspartner große Nachteile, da einerseits nicht die Gewähr besteht, daß der Wärmestrom außerhalb der Spitze, also berechtigterweise zu einem verminderten Preis konsumiert wird und anderseits der erstellte Einheitspreis nur dann gerecht ermittelt ist, wenn das vorausgesetzte Verhältnis der Strommengen für Licht- und Heizzwecke eingehalten wird. Weicht dieses Verhältnis von den vorausgesetzten ab, so ist der erstellte Preis für einen der zwei Vertragspartner nachteilig.

Die Abb. 14 *b* zeigt den Haushalt-Einheitstarif mit der Zimmerzahl als Bezugsgröße. Es wurde angenommen, daß der Grundpreis mit der Zimmeranzahl fällt, der Arbeitspreis mit ihr jedoch unverändert verbleibt.

Dem Stromlieferer kommt beim Grundpreistarif zugute, daß bei rückläufigem Konsum seine Einkünfte nicht im gleichen Maß zurückgehen. Unternehmen, die die Steigerung des Absatzes anstreben, werden den Grundpreis tunlichst hoch, den Arbeitspreis tunlichst niedrig festlegen und umgekehrt. Unternehmen, die keine Steigerung anstreben und dennoch hohe Grundpreise festgelegt haben, dürften dies unter der Gefahr zeitweiser Zwangsabschaltungen getan haben. Manche Werke setzen den Grundpreis in den Sommermonaten herab. Er beträgt z. B. beim E. W. Mailand von Juni bis August die Hälfte.

Die Abb. 14c zeigt die sich ergebenden kWh-Preise in Abhängigkeit von der Benützungsdauer bei dem folgenden Leistungstarif: $N = 10$ kW, $g = 350$ S/Jahr, $A = 20$ g/kWh (als Abszisse wurde der inverse Wert des Verbrauches aufgetragen und mit dem Verbrauch beschriftet).

b) **Das Pauschaltarifsystem.** Es ist das einfachste System und wird in zwei Formen angewandt:

1. Ohne jede Zähl- und Schalteinrichtung, d. h. der Stromverbraucher hat die Möglichkeit, durch die 8760 Stunden des Jahres in dem durch seine Einrichtung gegebenen Ausmaß Strom zu beziehen. Die Pauschalsumme wird jedoch meistens unter der Voraussetzung eines in normalen Grenzen verbleibenden Verbrauches festgelegt. Hieraus geht der Nachteil des Systems für den Stromlieferer hervor: Er kann den ungerechtfertigten Mehrverbrauch durch den Strombezieher nicht vermeiden. Dieses System, in den Anfängen der Strombenützung entstanden, weist nur den Vorteil des Verzichtes auf eine Zählereinrichtung auf und ist überholt. Sein Aufgeben wurde durch die Stromknappheit der Kriegs- und Nachkriegsjahre beschleunigt. Für Neuanschlüsse wird das Pauschaltarifsystem gewöhnlich nicht mehr zugelassen. Bestehende Anwendungsfälle werden auf andere Systeme übergeleitet.

2. Verwendungszweck oder Schalteinrichtungen gewährleisten das Beschränken des Strombezuges auf jene Dauer, die der Pauschalpreisermittlung zugrunde gelegt wurde (Auslagen- und Reklamebeleuchtung, Pauschalpreise pro installiertes kW und Jahr für Innenbeleuchtung), wenn der Strom durch z. B. 8760, 4500, 1830, 1465 oder 1100 Stunden (in Italien übliche Zahlen) zur Verfügung steht.

c) **Das Zeittarifsystem.** Vereinzelt ist die folgende Energiezählart anzutreffen: Es wird bloß die Zeit, während welcher der Strombezug erfolgte, festgestellt. Das Produkt aus

dieser und dem Anschlußwert wird als kWh-Verbrauch ausgelegt und verrechnet. Die Preise können zweifach gestaffelt werden: Sie fallen entweder mit zunehmender Benützungsdauer oder mit zunehmendem Anschlußwert ab.
d) **Das Zählertarifsystem.** Neben dem Grundpreistarifsystem ist das am meisten angewandte das *Zählertarifsystem.* Es liegt der kWh-Preis fest, der durch Multiplikation mit der kWh-Angabe des Zählers den Strompreis ergibt. Der Vorteil besteht in der einfachen Ermittlung des Strompreises, der somit nur aus einem Glied besteht, d. h.

$$P = k \cdot A$$

(seine französische Bezeichnung ist deshalb tarif monôme). Werden die Erzeugungskosten E mit den Stromverkaufspreisen P verglichen (Abb. 14 d), so stimmen diese zwei Größen nur bei einem bestimmten Verbrauch V überein. Ist der Verbrauch geringer, so werden die Erzeugungskosten nicht gedeckt; über diesen Verbrauch hinaus werden die Stromkosten ungerechtfertigt hoch. Nachteilig für den Stromlieferer wirkt sich dieses System besonders dann aus, wenn der Strombezieher durch längere Zeit keinen Absatz aufweist. Das Elektrizitätswerk hat dann überhaupt keine Einkünfte zur Deckung der auf diese Zeit entfallenden festen Kosten.

Oft wird neben den Stromkosten noch eine Zählermiete eingehoben, d. h. die Stromverrechnungskosten bestehen wieder aus zwei Gliedern. Da das Additionsglied nicht die gesamten festen Kosten erfaßt, handelt es sich hier somit nicht um einen echten Grundpreistarif.

In seiner einfachsten Anwendungsart nimmt der Zählertarif keine Rücksicht auf die Zeit, in welcher der Strombezug erfolgte. In dem Bestreben, den Stromverbrauch von den Spitzenzeiten abzuleiten und besonders in die Nachtstunden zu verlegen, hat u. a. das E. W. Marseille die kWh-Preise verbrauchszeitabhängig gestaltet und für Handel und Gewerbe verschieden hohe Strompreise für die Nachtstunden, die Tagesstunden und die Spitzenzeit festgelegt. Ferner wurde ein herabgesetzter Preis für Heizung und Batterieladung in den Stunden geringerer Belastung festgesetzt. Herabgesetzte Tarife für bestimmte Zeiten und Zwecke (z. B. Küchenbetrieb) werden gewöhnlich an die Bedingung des Verbrauches einer Mindestmenge geknüpft. Mit Rücksicht auf die teuere Stromerzeugung im Winter werden mitunter kWh-Preise für Sommer- und Winterenergie unterschieden.

Durch die Einräumung von Mengenrabatten beim Zählertarifsystem ergibt sich das *Zählerstaffeltarifsystem*, wie es die Abb. 14e erkennen läßt. Es wird auch Regelverbrauchs-, Block-, Stufen- und Zonentarifsystem genannt. Abb. 14f zeigt einen doppelt gestaffelten Zählertarif, wobei als Staffelgröße die Anzahl der Anschlußstellen herangezogen wird. Die obere Preiskurve gilt bei einer bestimmten Anzahl, z. B. zehn vorhandener Anschlußstellen. Bei einer größeren Anzahl, z. B. 20, gilt die untere Preiskurve.

e) **Abarten des Grundpreistarifsystems.** Die möglichen Abarten des Grundpreistarifsystems sind die gleichen wie des Zählertarifsystems, u. zw. gestaffelter Grundpreistarif, doppelt gestaffelter Grundpreistarif, tageszeitabhängiger Grundpreistarif mit gestaffeltem Tagesverbrauchspreis. Fallweise ist auch die unterschiedliche Verrechnung des Grundpreises nach Sommer- und Winterenergie und auch des Arbeitspreises nach Tages-, Nacht- und Spitzenzeitbezug gebräuchlich.

Unter den Korrekturen, welchen die Strompreise nach dem Grundpreistarif unterworfen werden, ist die $\cos \varphi$-Korrektur die wichtigste, die einen schreibenden $\cos \varphi$-Zeiger voraussetzt, um vollkommen zu sein. Nimmt der Leistungsfaktor Werte unterhalb des vereinbarten Bereiches an, so erfolgt eine Erhöhung des Strompreises, oberhalb des vereinbarten Bereiches wird der Strompreis herabgesetzt.

f. **Sondertarife.** Der allgemeine Strombezug erfolgt unter Bedingungen, die allgemein verlautbart werden, und zwar in der Tagespresse bei Änderung der Tarife, sonst durch

Die Strompreisgestaltung

Preisblätter, die das Stromlieferungsunternehmen auf Wunsch ausfolgt. Solche Verlautbarungen beschränken sich auf die Angabe der festgelegten Verbrauchergruppen, der Tarifbezeichnungen, des Vorganges bei der Verrechnung, d. h. es werden die Faktoren der Preisformel, welche zum Endpreis führt, aufgezählt, der allfälligen Nebengebühren, wie Zähler- und sonstige Gerätemiete, der Ablesefrist, der Vorgänge bei der Bezahlung usw.

Darüber hinaus schließen die Unternehmen besondere Stromlieferungsverträge mit Strombeziehern ab, die größere Strommengen in Anspruch nehmen, oftmals Bindungen für den zeitlichen Strombezug eingehen und deshalb Sonderpreise, somit Preise, die gegenüber diesen für den allgemeinen Bezug abweichen, zugestanden erhalten.

Nachfolgend seien die wichtigsten Fragen, die ein solcher Sondervertrag zu klären hat, als Behelf für die Verfassung dieser Verträge aufgezählt:

Die Vertragspartner (Name und Sitz), Datum des Inkrafttretens, Dauer des Übereinkommens, Umfang der Bereitstellung, Dauer der Bereitstellung, Ort der Aufgabe, Umfang der Energieabnahme, Abhängigkeit der Stromaufnahme von Saison, Wochentag und Tagesstunde, Ort der Aufnahme, Ort der Zählung, Stromeigenschaften: Spannung, Spannungsschwankungen, Periodenzahl und -schwankungen, etwaige Verpflichtung, Strom nur vom Vertragspartner zu beziehen, Bedingung der Zulassung von Fremdbezug bei gesteigertem Bedarf oder Leistungsunfähigkeit des Erzeugers, Voraussetzungen für Unterbrechungen der Lieferung, ihre Auswirkungen, wie Schadenersatz u. dgl., Auswirkungen von Elementarereignissen, Verwendung der bezogenen Energie nur zum Eigenverbrauch, etwaige Garantien für die Einhaltung des Verwendungszweckes, ist Weiterverkauf zulässig, Umfang und Ort der von beiden Partnern zu errichtenden Anlagen, zu wessen Lasten gehen diese Errichtungen, Umfang und Pflicht für die Errichtung der Anschlußanlage, zu wessen Kosten geht die Errichtung dieser Anlage, Umfang und

Pflicht zur Errichtung der Zählanlage, zu wessen Lasten gehen die Kosten der Errichtung der Zählanlage, nach welchen Vorschriften werden diese Anlagen errichtet, Überprüfungs- und Auswechslungsrecht der Anschluß- und Zählanlagen, Instandhaltungspflicht dieser Anlagen, zu wessen Kosten geht die laufende Überprüfung dieser Anlagen, das Recht, Kontrollsätze aufzustellen, Leitungs- und alle ähnlichen Rechte, die der Bezieher dem Erzeuger einräumt (Kraftwerk-, Trafo- und Schaltanlagenerrichtung), Inanspruchnahme dieser Rechte für weitere Strombezieher, Inanspruchnahme der Einrichtungen der Bezieher für Stromlieferungen an Dritte, Fortbestand aller dieser Rechte nach erfolgter Kündigung des Vertrages, Meldepflicht des Beziehers bei Störungen in den Anlagen des Erzeugers, Vorgang bei abweichenden Zählerangaben, Festlegung der Preisansätze für Wirk- und Blindleistung, Festlegung des Vorganges beim Abrechnen, Festlegung des Vorganges beim Bezahlen, Fristen für Einwände der Verrechnung, Zahlmittel, Auswirkungen fühlbarer Änderungen der Wirtschaftslage, Auswirkungen des Zahlungsverzuges, wann sind Stromabschaltungen gerechtfertigt, Übertragung des Übereinkommens, Erfüllungsort, Kosten des Übereinkommens, etwaiges Heranziehen eines Schiedsgerichtes.

5. Die Stromtarife

a) **Allgemeine Betrachtungen.** Die Schwankungen, welchen die Stromtarife seit jeher unterliegen, sind vorwiegend durch die Änderung der Währung bedingt gewesen. Es wäre jedoch irrig anzunehmen, daß sie bei stabiler Währung starr verblieben. Es seien einige der Einflußgrößen, die den Stromtarifen Änderungen aufzwingen, aufgezählt:

1. die erreichte Entwicklung der Energieversorgung: In Staaten mit fortgeschrittener Elektrizitätsversorgung wird der Strompreis mit der zunehmenden Tilgung der investierten Kapitalien eine fallende Tendenz aufweisen, verstärkt

durch den Umstand, daß der Kampf um die noch restlichen Absatzmöglichkeiten nur mit gesenkten Strompreisen erfolgreich bestanden werden kann. Darüber hinaus wird das Elektrizitätswerk schon deshalb den Strompreis zu senken trachten, um das Abfallen von Konsumenten, die in der Errichtung von Eigenanlagen, Blockzentralen, Hauszentralen u. dgl. eine billigere Bezugsquelle zu erschließen vorgeben, zu vermeiden. In jenen Staaten hingegen, die zum Ausbau von Neuanlagen schreiten müssen, wird der Anteil des Kapitaldienstes am Strompreis höher sein. Ergänzen die Neuanlagen bestehende, bereits getilgte Einrichtungen, so wird sich ein Mittelwert ergeben, der um so niedriger sein wird, je größer der Anteil alter, zum Teil oder zur Gänze getilgter Einrichtungen gegenüber den Neuanlagen ist und umgekehrt;

2. die Anleihebedingungen: Sie sind bekanntlich zeitlich verschieden. Anlagen, die in Zeiten ungünstiger Bedingungen errichtet oder erweitert wurden, werden höhere Stromtarife anwenden müssen und umgekehrt;

3. die Baukosten: Es gilt das vorher Gesagte. Teurer erstellte Neubauten oder Erweiterungen haben höhere Tarife zur Folge und umgekehrt;

4. die Brennstoffkosten und die Betriebskosten, in Abhängigkeit der stets Schwankungen unterworfenen Preise und Löhne;

5. die Aufteilung des Gesamtverbrauches auf die Konsumentengruppen: Am sinnfälligsten läßt sich dieser Einfluß mit den Änderungen des Konsums in der Schweiz erläutern. Der Wärmestromverbrauch und somit sein prozentueller Anteil an dem Gesamtverbrauch weist eine steigende Tendenz auf. Da jedoch der Verkaufspreis für Wärmestrom tiefer liegt als für andere Verwendungszwecke, weisen die Ausgaben einen rascheren Anstieg als die Einnahmen auf. Eine Verkaufspreiskorrektur wird deshalb unvermeidlich sein.

Sollen gleiche Strompreise zweier Staaten ihrem absoluten Wert nach verglichen werden — soweit ein solcher Vergleich überhaupt möglich ist —, ohne auf diese Einflußgrößen Rücksicht zu nehmen, so kann das Vergleichsergebnis leicht irreführend sein. Ein solcher Vergleich ist in den gegenwärtigen Zeiten der Zwangskurse überhaupt von problematischem Wert. Eine verläßliche Vergleichsbasis läßt sich nur schwer finden: Wird als solche das Durchschnittseinkommen herangezogen, so wird auf sehr ungleiche Größen bezogen; wird als Maßstab der Preis verschiedener Artikel herangezogen, so ist der Vergleich durch das jeweilige Preisverhältnis dieses Artikels in den verschiedenen Ländern stark beeinflußt.

Unter Anwendung der bisher vertretenen Gesichtspunkte sei nunmehr unter b) eine zahlenmäßige Tarifermittlung durchgeführt.

b) **Eine zahlenmäßige Tarifermittlung.** Es sei ein konkreter Annahmefall als Beispiel durchgerechnet, ohne den Anspruch zu erheben, daß neben der zu findenden Lösung nicht auch andere berechtigterweise bestehen könnten. Auf die Unterscheidung von Sommer- und Winterstrompreisen sei, obwohl vorher befürwortet, der Einfachheit halber verzichtet.

Der nachfolgenden Ermittlung seien 250 kW installierte Leistung zugrunde gelegt und vorausgesetzt, daß diese nicht die Anlagen eines selbständigen Unternehmens bilden, sondern nur einen Anteil jener eines Großunternehmens darstellen (im Gegenfalle wären wesentlich höhere Verwaltungskosten einzusetzen als dies hier geschehen wird). Die 250 kW setzen sich wie folgt zusammen: 150 kW hydraulische und 100 kW thermische Leistung. Die hydraulische Leistung möge aus 100 kW Laufkraftwerksleistung und aus 50 kW Speicherleistung bestehen.

Die Jahreserzeugung möge 750 000 kWh betragen, und zwar im Regeljahr:

im Laufkraftwerk	400 000 kWh
im Speicherwerk	110 000 „

Die Strompreisgestaltung

Summe der hydraulisch
erzeugten Arbeit   510 000 kWh
im kalorischen Werk   240 000   „

Gesamtsumme   750 000 kWh

Hieraus ergeben sich die folgenden Ausnützungsdauern für das Regeljahr:

für das Laufkraftwerk $\frac{400\,000}{100} = 4000$ h

für das Speicherwerk $\frac{110\,000}{50} = 2200$ h

für das Dampfkraftwerk $\frac{240\,000}{100} = 2400$ h

In einem Trockenjahr sollen wieder 750 000 kWh erzeugt werden, und zwar im Laufkraftwerk um 20 % weniger als im Regeljahr, die durch das Dampfkraftwerk ergänzt werden. Es werden somit in diesem Trockenjahr erzeugt:

im Laufkraftwerk   320 000 kWh
im Speicherwerk   110 000   „

Summe der hydraulisch
erzeugten Arbeit   430 000 kWh
im kalorischen Werk   320 000   „

Gesamtsumme   750 000 kWh

Hieraus ergeben sich die analogen Ausnützungsdauern zu 3200, 2200 bzw. 3200 h.

Die Investitionssummen sollen betragen:

pro kW Laufkraftwerksleistung   7 000 S
pro kW Speicherwerksleistung   7 700 S
pro kW Dampfkraftwerksleistung
  einschließlich Kohlenförderung   4 000 S

somit insgesamt
für das Laufkraftwerk   700 000 S
für das Speicherwerk   385 000 S
für das Dampfkraftwerk   400 000 S

Gesamtsumme   1 485 000 S

Hieraus errechnen sich die folgenden Investitionssummen pro kWh:

im Regeljahr für das Laufkraftwerk $\quad \dfrac{7000}{4000} = 1{,}75$ S/kWh

für das Speicherwerk $\quad \dfrac{7700}{2200} = 3{,}5 \quad$,,

für das Dampfkraftwerk $\quad \dfrac{4000}{2400} = 1{,}7 \quad$,,

Annahmegemäß betragen die Kapitalkosten 7 %, so daß sich diese Kosten für die Stromerzeugung zu

$$0{,}07 \cdot 1\,485\,000 = 104\,000 \text{ S}$$

errechnen bzw. im Mittel pro kWh zu

$$\dfrac{104\,000}{750\,000} = 0{,}138 \text{ S/kWh}.$$

Es sei angenommen, daß die Betriebskosten S 35 000,— pro Jahr betragen, somit

$$\dfrac{35\,000}{750\,000} = 0{,}047 \text{ S/kWh}.$$

Die Brennstoffkosten sollen betragen im Regeljahr:

$$240\,000 \cdot 0{,}20 \text{ (S/kWh)} = 48\,000 \text{ S/Jahr}$$

und in diesem Trockenjahr

$$320\,000 \cdot 0{,}20 \qquad = 64\,000 \quad ,,$$

Legt man diese Kosten der Gesamterzeugung zugrunde, so folgt

$$\dfrac{64\,000}{750\,000} = 0{,}085 \text{ S/kWh}.$$

Wird vorsichtigerweise nur die Differenz dieser zwei Beträge als Erweiterungsrücklage herangezogen, so ergibt sich pro Jahr die Rücklage von S 16 000,—, die unter der Annahme einer angemessenen Verzinsung die Erweiterung der Niederspannungsanlage um rd. 1 km in zwei Jahren gestattet. Sollte diese Erweiterung nicht ausreichen, so müßten größere Erweiterungsrücklagen vorgesehen werden.

Die Erneuerungsrücklage sei unter der Annahme festgelegt, daß die Lebensdauer des Laufkraftwerkes 100, die des

Die Strompreisgestaltung

Dampfkraftwerkes 30 Jahre beträgt; auf eine Erneuerungsrücklage für das Speicherwerk sei verzichtet. Unter der Annahme, daß die Erneuerungsrücklage mit 5 % angelegt wird, errechnen sich für diese Lebensdauern die jährlichen Rücklagen zu rund

für das Laufkraftwerk $\quad 0,03 \cdot 700\,000 = 21\,000$ S
für das Dampfkraftwerk $\quad 0,23 \cdot 400\,000 = 92\,000$ S

$$\text{Summe} \quad 113\,000 \text{ S}$$

bzw. pro kWh $\dfrac{113\,000}{750\,000} = 0,15$ S/kWh.

Der *mittlere* Strompreis beträgt, soweit nur die Erzeugung berücksichtigt wird,

$$0,138 + 0,047 + 0,085 + 0,15 = 0,42 \text{ S/kWh}.$$

Sollen die Selbstkosten der Stromfortleitung und -verteilung erfaßt werden, so müssen die in diesen Anlagen investierten Summen genau bekannt sein. Es bedarf keines besonderen Hinweises, daß sie, auf die Leistung bezogen, von Anlage zu Anlage, entsprechend der relativen Lage des Kraftwerkes zu den Konsumenten stark verschieden sein werden. Es soll deshalb die Annahme getroffen werden, daß die Kapitalien, die in den Übertragungs- und Verteilanlagen investiert wurden, je S 700 000,— betragen. Der Kapitaldienst der Fortleitung und der Verteilung werden somit je $0,07 \cdot 700\,000 = 49\,000$ S bzw. je kWh $\dfrac{49\,000}{750\,000} = 0,065$ S/kWh betragen.

Die Betriebskosten seien für Fortleitung und Verteilung, mit je 20 000 S/Jahr eingesetzt und es beträgt somit der spezifische Preis für Fortleitung und Verteilung je

$$\dfrac{20\,000}{750\,000} = 0,027 \text{ S/kWh}$$

Zur Ermittlung der Erneuerungsrücklagen sei angenommen, daß die Fortleitungsanlage die relativ hohe, mit Neuanlagen jedoch zu erzielende 60jährige, die Verteilanlage

90   Die Elektrizitätswirtschaft

eine 30jährige Lebensdauer aufweist. Es ergeben sich bei diesen Lebensdauern die folgenden Erneuerungsrücklagen:

für die Fortleitungsanlage   0,04 . 700 000 = 28 000 S
für die Verteilanlage   0,14 . 700 000 = 98 000 S

Summe der Rücklagen   126 000 S

bzw. $\frac{126\,000}{750\,000} = 0,17$ S/kWh.

Unter Vernachlässigung der Verluste beträgt der gesamte Stromverkaufspreis

$$0,42 + 2\,(0,065 + 0,027) + 0,17 = 0,774 \text{ S/kWh}.$$

Zusammenfassend errechnen sich die Kosten der 750 000 kWh wie folgt:

a) Kapitaldienst: Erzeugung   104 000 S
   „   Fortleitung   49 000 S
   „   Verteilung   49 000 S
                  Summe a)   202 000 S

b) Rücklagen: Erzeugung   113 000 S
   „   Fortleitung   28 000 S
   „   Verteilung   98 000 S
                Summe b)   239 000 S

c) Betriebskosten: Erzeugung   35 000 S
   „   Fortleitung   20 000 S
   „   Verteilung   20 000 S
                  Summe c)   75 000 S

d) Brennstoffkosten   64 000 S

                  Gesamtsumme   580 000 S

bzw. $\frac{580\,000}{750\,000} = 0,77$ S/kWh wie vor.

Hievon entfallen auf Betriebskosten und Brennstoffkosten 139 000 S bzw. $\frac{139\,000}{750\,000} = 0,185$ S/kWh.

Die Strompreisgestaltung

Es wurde bereits angegeben, daß die Konsumentengruppen an den Kapitalkosten, d. s. 202 000 S, gemäß der durch sie erfolgten Inanspruchnahme der Belastungsspitze zu beteiligen sind. Sie sind jedoch in dem gleichen Maße auch an den Erneuerungsrücklagen zu beteiligen, da sie ebenso an dem Bereitstellen von Einrichtungen für diese Spitzen interessiert sind. Sie sind somit an den Investitionskosten von $202\,000 + 239\,000 = 441\,000$ S in dieser Art heranzuziehen. Es sollen nunmehr die Verkaufspreise für die verschiedenen Verbrauchergruppen ermittelt werden. Die Verbraucher seien nur in die folgenden Gruppen aufgeteilt: Haushalte (Licht, Kraft und Wärme) einschließlich der öffentlichen Beleuchtung, Gewerbe, Industrie, Verkehr, Landwirtschaft. Es sei angenommen worden, daß auf die Gruppen entfallen:

vom Verbrauch:

auf Haushalt und öffentliche Beleuchtung	30 %
auf das Gewerbe	10 %
auf die Industrie	43 %
auf den Verkehr	12 %
auf die Landwirtschaft	5 %
	100 %

An der Belastungsspitze von 250 kW seien beteiligt:

Haushalt und öffentliche Beleuchtung	50 %
Gewerbe	9 %
Industrie	30 %
Verkehr	7 %
Landwirtschaft	4 %
	100 %

Es betragen somit für *Haushalt* und *öffentliche Beleuchtung*

die Investitionskosten $0{,}5 \cdot 441\,000 = 220\,500$ S

und pro kWh $\dfrac{220\,500}{0{,}3 \cdot 750\,000} = 0{,}98$ S/kWh

sonstige Kosten wie vor $\quad 0{,}185\ \ ,,$

somit Selbstkosten 1,165 S/kWh
und der Verkaufspreis bei 20 % Verlusten 1,456 „

(Dieser und die folgenden Verkaufspreise sind ohne Riskenzuschlag und Nutzen ermittelt.)

Es betragen für das *Gewerbe*

die Investitionskosten $0{,}09 \cdot 441\,000 = 39\,690$ S

und pro kWh $\dfrac{39\,690}{0{,}1 \cdot 750\,000} = 0{,}529$ S/kWh

sonstige Kosten wie vor 0,185 „

somit Selbstkosten 0,714 S/kWh
und der Verkaufspreis bei 20 % Verlusten 0,8925 „

Es betragen für die *Industrie*

die Investitionskosten $0{,}3 \cdot 441\,000 = 132\,300$ S

und pro kWh $\dfrac{132\,000}{0{,}43 \cdot 750\,000} = 0{,}41$ S/kWh

sonstige Kosten wie vor 0,185 „

somit Selbstkosten 0,595 S/kWh
und der Verkaufspreis bei 20 % Verlusten 0,744 „

Es betragen für die *Verkehrsunternehmen*

die Investitionskosten $0{,}07 \cdot 441\,000 = 30\,870$ S

und pro kWh $\dfrac{30\,870}{0{,}43 \cdot 750\,000} = 0{,}343$ S/kWh

sonstige Kosten wir vor 0,185 „

somit Selbstkosten 0,528 S/kWh
und der Verkaufspreis bei 20 % Verlusten 0,66 „

Es betragen für die *Landwirtschaft*

die Investitionskosten $0{,}04 \cdot 441\,000 = 17\,640$ S

und pro kWh $\dfrac{17\,640}{0{,}02 \cdot 750\,000} = 0{,}47$ S/kWh

sonstige Kosten wie vor 0,185 „

somit Selbstkosten 0,655 S/kWh
und der Verkaufspreis bei 20 % Verlusten 0,8237 „

Die Strompreisgestaltung 93

Der vorstehend beschrittene Weg belastet die Konsumenten ausschließlich mit den durch sie verursachten Kosten. Solche Strompreise werden „kostendeckend" genannt. Daneben läßt sich die Strompreisfeststellung auch solcherart vornehmen, daß die Nutzenschätzung, die der Verbraucher dem Strom entgegenbringt, berücksichtigt wird. Dann ergeben sich „wertgerechte" Preise. Die noch nachzuweisende Verschiedenheit der Anteile der Strompreise an den Erzeugungskosten der Gebrauchs- und Industrieartikel rechtfertigen die „wertgerechten" Preise.

Für die Konsumentengruppe Industrie wurde der mittlere Verkaufspreis von 0,744 S/kWh ermittelt, wobei der Konsum $(0,43 \cdot 750\,000 - 20\,^0/_0) = 258\,000$ kWh betrug, so daß sich hieraus der Erlös von S 191 952,— ergibt. Dieser kann aber auch z. B. bei Festlegung der folgenden Strompreise erzielt werden:

für 80 000 kWh à S 0,3	24 000 S
für 80 000 kWh à S 0,6	48 000 S
für 80 000 kWh à S 1,1	88 000 S
für 18 000 kWh à S 1,8	32 400 S
258 000 kWh	192 400 S

Durch die Anpassung der Preise an die Nutzenschätzung durch den Konsumenten ergeben sich im vorliegenden Fall wertgerechte Preise, die dem stromliefernden Unternehmen einen praktisch gleichen Erlös einbrachten.

c) **Abrechnungsarten des Stromverbrauches; Kundendienst.**
Die Zählerangaben bei den Konsumenten müssen durch Organe der Elektrizitätswerke erhoben und die von ihnen zu leistenden Beträge ermittelt werden. Die Beträge können unmittelbar eingehoben oder durch die Konsumenten direkt oder indirekt erlegt werden. Die hiezu üblichen Verfahren lassen sich in die folgenden vier Arten einteilen: 1. Indirektes Einhebesystem, Verrechnung und Kontrolle ohne Rechenmaschine; 2. indirektes Einhebesystem mit Verrechnung

ohne Rechenmaschine und Kontrolle durch Buchungsmaschine; 3. direktes Inkasso mit Verrechnung ohne Rechenmaschine und Kontrolle durch Lochkartenmaschine; 4. direktes Inkasso mit maschineller Verrechnung und Kontrolle durch Lochkartenmaschinen, maschinellem Schreiben der Rechnungen mit gleichzeitiger Verrechnung von mehreren Energiearten (z. B. Gas und Strom). Es würde den Rahmen dieses Büchleins sprengen, diese Verfahren hier zu erläutern und die hiezu verwendeten Einrichtungen zu beschreiben. Es sei auf die Arbeit „Die Verrechnung gelieferter Energie" von L. Bauer in der ÖZE, 3/1950, H. 12, S. 381, verwiesen, die dieses Problem erschöpfend behandelt.

Zur Intensivierung des Stromabsatzes betreiben die Elektrizitätswerke einen Kundendienst. Dieser bezweckt 1. das Werben neuer Konsumenten in allen Anwendungsgruppen durch Ausstellungen, Vorführungen, Kurse, Gewährung von Zahlungserleichterungen bei der Beschaffung von Geräten bzw. Bevorschussung dieses Ankaufes beim Erzeuger und Einhebung der Zahlungen des Konsumenten beim Inkasso; 2. Beratung bei der Anwendung der elektrischen Energie; 3. Aufklärung der Bevölkerung, indem bestehende Vorurteile zerstreut werden; 4. Überprüfung der Anlagen und Behebung etwaiger Mängel.

d) **Anteil der Stromkosten an den Gestehungskosten der Gebrauchs- und Industrieartikel.** Unter I D 2 wurden die Mengen an elektrischer Energie, die für einige Gütererzeugungen gebraucht werden, nachgewiesen. In Abhängigkeit von den bei dieser Erzeugung angewandten Verfahren streuen diese Mengen binnen weiter Grenzen. Wird der Preis der Energiemengen ermittelt und auf jenen des Gutes bezogen, so läßt sich der Anteil der Stromkosten an den Gestehungskosten der Gebrauchs- und Industrieartikel ermitteln. Eine solche Ermittlung erfolgt somit unter Heranziehung von Größen, die sich in einem gewissen Bereich bewegen, denn außer der Energiemenge sind sowohl Strom- als auch Güterpreis jeweils verschieden. Es sei deshalb hier

Die Strompreisgestaltung 95

unterlassen, diesen Anteil — auch nur beispielsweise — in konkreten Zahlen zu ermitteln und dem Leser überlassen, den Anteil für das ihn interessierende Gut unter Verwertung der vorgenannten Zusammenstellung und der für ihn geltenden Strom- und Warenpreise zu ermitteln. Rein *größenordnungsmäßig* ergeben sich diese Anteile wie folgt:

für Lebensmittel 0,2 bis 1,5 %,
für Textilwaren und Bekleidungsartikel 0,2 bis 2 %,
für Industrieartikel: Glas 0,3 %, Kohle 1 %, Ziegel 2,3 %, Papier 4 %, Gummi 30 %,
für chemische Erzeugnisse 20 bis 35 %,
für metallurgische Erzeugnisse 1 bis 15 %.

Der weite Bereich des Anteiles der Stromkosten an den Gestehungskosten der Gebrauchs- und Industrieartikel begründet zusätzlich die bereits als notwendig erkannte Rücksichtnahme einerseits auf die Konkurrenzfähigkeit des Erzeugers der Güter. Es darf aber anderseits der Stromlieferer für das Bereitstellen eines unentbehrlichen Rohstoffes für diese Erzeugung beanspruchen, am Preis des Gutes angemessen beteiligt zu werden.

Diese zwei Forderungen erfüllten das Anpassen des Strompreises an die Wertschätzung, die der Strom durch den Verbraucher erfährt und an seine Zahlungsfähigkeit, d. h. das Festlegen von „wertgerechten" Preisen und das Abrücken von solchen Preisen, die ausschließlich in der Absicht, „kostendeckend" zu sein, festgelegt wurden.

e) **Exportstrompreise.** Solange das den Strom exportierende Land die Erzeugungs- und Übertragungsanlage mit eigenen Mitteln erbaut, können für die Preiserstellung keine anderen Gesichtspunkte maßgebend sein, als die für den Absatz im eigenen Lande. Außer unter den angedeuteten Voraussetzungen kann jedoch der Stromexport im Wege eines Stromaustausches erfolgen, z. B. Nachtstrom gegen Tagstrom, Winterstrom gegen Sommerstrom und umgekehrt.

Den Sonderübereinkommen, die einen solchen Austausch regeln, kann die Preisbestimmung für die inländische Erzeugung und Verwendung als Grundlage für die Bestimmung der Stromaustauschmengen dienen. Die Staaten mit ergiebigen, jedoch nicht ausgebauten Energiequellen sind bestrebt, den Ausbau solcher Quellen unter finanzieller Beteiligung durch den den Strom aufzunehmenden Staat durchzuführen. In einer solchen Lage befindet sich auch Österreich, dessen Wasserkräfte auch den höchsten zu erwartenden Energieeigenbedarf stark übersteigen. Die dann zu erzielenden Strompreise sind durch zahlreiche Faktoren bestimmt, von welchen nur einige aufgezählt werden sollen: Investitionssumme für das Baumaterial, die Maschinen u. dgl. bzw. Anteil der zwei Vertragspartner an dieser Summe, Höhe bzw. Anteile an der Summe der Bau- und Montagearbeiten, Größe und Anteile an dem Strombezug. Bei dem weiten Bereich, innerhalb dessen sich diese Werte bewegen können, läßt sich wohl ein allgemeines Preisniveau nicht voraussagen.

f) **Die Tarifierung des Blindstromes.** Dieser Aufgabe wandte sich die allgemeine Aufmerksamkeit nicht in dem gleichen Maße zu, wie der Tarifierung des Wirkstromes. Sie betrifft nicht die Mehrheit der Konsumenten, d. s. die Lichtstromverbraucher, an ihrer Lösung ist vorwiegend der Stromerzeuger und weniger der Strombezieher interessiert. Aufgerollt haben diese Frage die technischen Nachteile, die das verstärkte Auftreten von Blindströmen im Übertragungs- und Verteilnetz mit sich brachte, besonders aktuell wurde sie erst, als die vermehrte Blindstrommenge die Leistungsfähigkeit der Übertragungsmittel erschöpfte.

Die Tarifierung des Blindstromes erfolgte bisher vorwiegend mit der Absicht, den Stromverbraucher zur Verminderung des Bezuges von Blindstrom aus dem allgemeinen Versorgungsnetz anzuregen und ihn zur eigenen Phasenkompensation zu zwingen. Sie trug deshalb mehr den Charakter einer Strafe als den der Anwendung eines „justum pretium".

Zur Tarifierung des Blindstromes eignet sich nur der Abnehmer größerer Energiemengen und nicht der Besitzer eines mittelgroßen oder Kleinmotors, da ihm nicht zugemutet werden kann, seine Meßeinrichtung mit Blindstromverbrauchszähler oder Leistungsfaktormesser — die zusätzlich noch Wandler bedingen können — zu erweitern.

Als Beispiel eines Blindstromtarifes sei dieser des E. W. Lyon erwähnt: Es wird vorausgesetzt, daß der Verbraucher im $\cos \varphi$-Bereich 0,75 bis 0,9 verbleibt. Fährt er unter 0,7, so werden die Preise mit dem Faktor $\frac{0,75}{\cos \varphi}$ multipliziert, d. h. erhöht. Fährt er mit einem Wert über 0,9, so werden die Strompreise mit dem Faktor $\frac{0,75}{\cos \varphi}$ multipliziert, d. h. vermindert; Anwendung findet dieser Tarif bei Anschlußwerten über 25 kW; Stromabschaltungen werden dann durchgeführt, wenn bei Leistungen bis 50 kW der Leistungsfaktor kleiner als 0,55 ist, bei Leistungen bis 100 kW unter 0,6 sinkt und bei Leistungen über 100 kW ungünstiger als 0,65 ist.

Eine solche Tarifierung muß als mehr oder weniger willkürlich bezeichnet werden. Soll die Frage dieses Tarifes in dem bisher verfolgten Bestreben, den „gerechten" Preis zu erfassen, gelöst werden, so ist folgendes zu bemerken:

Es ist gerechtfertigt, den Bezieher von Blindstrom an den *festen* Kosten zu beteiligen, denn er zwingt den Stromerzeuger zu höheren Investitionen. Die nachfolgende Tabelle läßt in der zweiten Spalte die erforderliche Vergrößerung der elektrischen Einrichtungen ersehen.

Es ist aber auch gerechtfertigt, den Blindstrombezieher an den *leistungsabhängigen* Kosten teilnehmen zu lassen, denn der Blindstrom erhöht die Verluste in der Leitung, die bekanntlich dem *Quadrat* des resultierenden Summenstromes proportional sind. Der Blindstrombezug bedingt somit eine höhere Wirkstromerzeugung, somit einen höheren Treibstoffverbrauch, falls die verfügbare Wasserlaufkraft diesen Zusatz an Wirkleistung nicht abzugeben vermag. Hiedurch wird auch die Vergrößerung der Antriebsseite der Anlage erforderlich.

Die dritte Spalte der nachfolgenden Tabelle zeigt, wie sich die Stromwärmeverluste V in Maschinen, Trafos und Leitungen zu den Verlusten V_W bei reiner Wirkbelastung verhalten:

$\cos \varphi$	$kVA = \dfrac{kW}{\cos \varphi}$	$\dfrac{V}{V_W}$	J_{bl}
1	1	1	0
0,9	1,11	1,24	0,437
0,8	1,25	1,56	0,6
0,7	1,43	2,05	0,714
0,6	1,66	2,76	0,8
0,5	2	4	0,866
0,4	2,5	6,25	0,916

Diese Gegenüberstellung besagt: Die Verrechnung des Blindstromverbrauches proportional dem Blindstrom oder der Blindleistung ergibt keine „gerechte" Strompreiserstellung. Der Begründung dieser Behauptung durch ein Beispiel sei vorausgestellt: Die vierte Spalte läßt die Größe des Blindstromes erkennen, wenn der gesamte Strom die Größe 1 besitzt. Die z. B. mit den cos φ-Werten 0,9 und 0,6 fahrenden Verbraucher werden, wenn sie die Blindleistung entsprechend der Blindstromgröße bezahlen, mit Beträgen im Verhältnis 0,437 : 0,8 oder 1 : 1,83 belastet. Tatsächlich verhalten sich die von ihnen verursachten Verluste wie 1,24 : 2,76 oder wie 1 : 2,22.

Die Abrechnungsverfahren der Praxis fußen auf der Erfassung der Blindleistung mit dem Blindleistungszähler und sind somit unzweckmäßig. Die angedeutete „gerechte" Abrechnungsweise wäre ein noch viel wirksamerer Anreiz zur Einschränkung des Blindstromverbrauches. Sie setzt allerdings den nicht entwickelten Blindstromquadratzähler voraus.

Oft ist es üblich, der Strompreisermittlung den Wert cos φ = 0,8 zugrunde zu legen, d. h. das Verhältnis der Mengen von Wirk- zur bkWh mit 1 : 0,75 anzunehmen. Blindstromverbrauche über dieses Maß werden dann mit einem geringeren Stundenpreis angesetzt. Ein üblicher Tarif besteht im Verrechnen des Überschusses an Blind-kWh über dieses angedeutete Verhältnis mit etwa 0,05 S/bkWh. Bei einem Verbrauch von 100 kW bei cos φ = 0,5 durch eine Stunde, also von 173 bkWh wird die Differenz von 173 — 75 = = 98 bkWh zu je 0,05 S, somit 4,9 S in Rechnung gestellt. In Frankreich regelt ein im April 1949 ergangener Erlaß die Besteuerung des Blindstrombezuges. Diese Besteuerung erfolgt, sobald der Blindstrom 60 % oder mehr des Wirkstromes beträgt. Wird mit p der prozentuelle Anteil der Blindlast gegenüber der Wirklast bezeichnet, so erfährt der Strompreis eine prozentuelle Steigerung um

$$\frac{1}{3}(p - 60).$$

Hieraus errechnet sich der Mehrpreis in Prozenten bei den Leistungsfaktoren von 0,86, 0,8, 0,7, 0,6 und 0,5 zu 0, 5, 14, 24,4 und 37,7 %. Die gesetzliche Regelung des Blindstrompreises umfaßt auch die Vorschreibung des Einbaues von Blindstromzählern und des Zeitraumes, binnen welchem er zu erfolgen hat. Die angegebenen Strompreiserhöhungen gelten für hochspannungsseitig angeschlossene Stromverbraucher und mit Nennleistungen von über 25 kW (Electricité Juli—August, S. 12).

III. Die Organisation der Elektrizitätsversorgung

A. Allgemeine Organisationsfragen

Die gegenwärtige erhöhte Wertung der elektrischen Energie und das Bestreben, ihre Verwertung zu intensivieren, wirft Fragen der Organisation auf, die von Staat zu Staat verschieden gelöst werden. Maßgebend für die getroffene Lösung sind die prinzipielle Einstellung, die Größe der Energienot, der Umfang der verfügbaren Energiequellen, die Kapitalkraft usw. Das Problem der Intensivierung der Stromanwendung ist erst an zweiter Stelle ein technisches, an erster Stelle steht die Frage der Kapitalbeschaffung.

Außer Diskussion steht die Beibehaltung des monopolähnlichen Charakters der Stromversorgung, trotz der damit verbundenen Nachteile: Der Stromverbraucher wird an einen bestimmten Stromlieferanten angewiesen bleiben. Als Nachteile des Monopolcharakters der Stromversorgung werden gerne vorgebracht:

1. Die Preisbildung wird nicht, wie es die Volkswirtschaftslehre verlangt, durch Angebot und Nachfrage geregelt (soweit eine solche Regelung bei der üblichen Praxis der offenen und geheimen kartellähnlichen Bindungen noch als gesetzmäßig bezeichnet werden kann), sie erfolgt vorwiegend einseitig durch das Diktat des Unternehmens. Diese Tatsache rechtfertigt den bevorzugten Ausdruck „Tarif" (statt des gleichbedeutenden Wortes Preis), der arabischen Ursprungs ist und soviel wie Diktat bedeutet;

2. die Möglichkeit der ungerechten Behandlung des Konsumenten.

In dem Bestreben, alle auftretenden Fragen, die sowohl Produzenten als auch Konsumenten bewegen, in gemeinsamer Zusammenarbeit zu lösen, wurden in einigen Staaten „Energiekonsumentenverbände" gegründet. Die Produzenten schließen sich in „Verbänden" zusammen.

Es macht sich die Tendenz bemerkbar, die Elektrizitätsversorgung nicht auf die geballte Siedlung (größere Orte) unter Ausschaltung der Streusiedlung zu beschränken. Das Anschließen von Streusiedlungen wird an die Bedingung des Nachweises der Rentabilität geknüpft, der sehr oft nicht erbracht werden kann. Der Aufgabenkreis sei dennoch aufgezeigt als ein Ziel, das angestrebt werden müßte, auch wenn es vorerst nicht voll erreicht werden kann.

Grundsätzlich lassen sich die aufgeworfenen Fragen — sich teilweise überschneidend — wie folgt formulieren:

1. Soll eine neue Organisation und erweiterte Entwicklung der Elekrizitätsversorgung durch die Privatinitiative oder durch die öffentliche Hand erfolgen?
2. Soll die Elektrizitätsversorgung zentral gelenkt werden oder soll Dezentralisation angestrebt werden?
3. Soll sich die öffentliche Hand auf den beratenden Einfluß beschränken oder die vollkommene Lenkung durch Besitzergreifung anstreben?
4. In welcher Form soll die Kapitalaufbringung erfolgen und welches Organisationssystem gewährleistet den besten Erfolg?

1. Ist die Elektrizitätsversorgung der Privatinitiative zu überlassen oder hat sie durch die öffentliche Hand zu erfolgen?

In ihren ersten Anfängen war die Elektrizitätsversorgung ein in gewinnbringender Absicht von der Privatinitiative ersonnener Wirtschaftszweig. Die erste Elektrizitätsversorgung Wiens z. B. wurde durch die „Allgemeine österreichische Elektrizitätsgesellschaft", die „Internationale Elektrizitätsgesellschaft" und die „Wiener Elektrizitätsgesellschaft" besorgt. Als sich allmählich die Erkenntnis der Bedeutung des Gebrauchsartikels „Strom" durchsetzte, wurde die Elektrizitätsversorgung der privaten Spekulation durch die „Kommunalisierung" — als Vorläufer der „Verstaatlichung" — in Wien entzogen. Im allgemeinen sehen wir im Verlauf der Entwicklung der Elektrizitätsversorgung die öffentliche Hand und die Privatinitiative nebeneinander am Werk, die öffentliche Hand hauptsächlich im „ortsgebundenen Denken" bei der Errichtung städtischer Werke, daneben aber auch beim „überörtlichen Denken" bei der Versorgung größerer Gebiete. Letzte Denkungsart beherrscht jedoch ausgiebig die Privatinitiative. Sie tritt vorwiegend in kapitalskräftigen

Staaten auf (Schweiz, USA), während die kapitalarmen Staaten wie Österreich die Elektrizitätsversorgung vorwiegend der öffentlichen Hand übertragen. Die Notwendigkeit der Zusammenarbeit der der Privatinitiative entsprungenen Unternehmen mit jenen der öffentlichen Hand und der Unterstützung der ersten bei der Kapitalaufbringung läßt das Bestreben aufkommen, den Einfluß der öffentlichen Hand zu verstärken. Schließlich wird in manchen Staaten die Privatinitiative zur Gänze ausgeschaltet und die Elektrizitätsversorgung nur dem Staat überantwortet. In solchen Staaten wird fallweise nur die Frage zur Diskussion gestellt, ob sich der Einfluß der öffentlichen Hand auf die Überwachung der Indienststellung der Kraftwerke und Energiequellen für die Allgemeinheit zu beschränken hat oder ob sie auch hievon Besitz ergreifen soll. Es wird nach neuen zweckmäßigen Rechtsformen der Elektrizitätsversorgungsunternehmen gesucht, die die Erfüllung ihrer Pflichten der Allgemeinheit gegenüber gewährleisten sollen. Es werden unterschiedliche Wege beschritten, die noch besprochen werden sollen. Der in den meisten Ländern aufgetretene Valutaverfall gestaltet den aufscheinenden Problemkomplex umständlicher und findet nicht überall das gebührende Verständnis.

2. Zentral gelenkte oder dezentralisierte Elektrizitätsversorgung?

Diese zwei Begriffe werden oft zur Diskussion gestellt und ihre Bedeutung meistens überschätzt. Es bedarf keiner weiteren Begründung, daß, soweit es sich um die Ausnützung der naturgegebenen Energiequellen handelt, die Entscheidungen über ihren Ausbau von der höchsten Warte aus, d. h. zentral zu erfolgen haben. Der gleiche Standpunkt ist bei der Lösung der Betriebsfragen, die das Zusammenarbeiten der Unternehmen aufwirft, einzunehmen. Hiemit sei nicht gesagt, daß lokalen Wünschen — im Sinne einer dezentralisierten Elektrizitätsversorgung — nicht entsprochen werden soll und muß. Die Stellungnahme zur Frage „Zentrale oder dezentralisierte Elektrizitätsversorgung" wird oft mehr oder weniger unbewußt durch die Enttäuschungen, die auf anderen Gebieten mit der Zentralisierung gemacht wurden, beeinflußt. Es darf das Fremdwort „Zentralisation" nicht durch „Willkür" übersetzt oder mit „Terror" identifiziert werden. Es soll ihm der Sinn zugewiesen werden, daß alle Wünsche der zusammenarbeitenden Unternehmen erwogen, gegenseitig abgestimmt und entsprechend berücksichtigt werden, wobei bei unüberbrückbaren Gegensätzen eine gerechte Entscheidung zentral zu erfolgen hat. Auch das Zusammenarbeiten der Unternehmen soll jedem die eigene Versorgung im angestrebten Ausmaß gewährleisten. Das Zusammenschließen selbst kann freiwillig erfolgen (Schweiz, Schweden) oder im Wege der Verstaatlichung.

3. Beratung oder vollkommene Beherrschung der Elektrizitätsversorgung durch die öffentliche Hand?

Die europäische und nordamerikanische Entwicklung der Elektrizitätsversorgung in den letzten Jahren läßt deutlich das Bestreben erkennen, von der einen extremen Organisationsform der vollkommen freien, durch keinerlei Vorschreibungen gehemmten privaten Elektrizitätsversorgung abzurücken und sich dem anderen extremen Fall der vollkommen unfreien, vom Staat beherrschten Elektrizitätsversorgung in verschiedenen Abständen zu nähern. Die loseste Abhängigkeit vom Staat besteht, wenn sich dieser bloß die Rolle des Beraters zumutet. Wir sehen diesen Fall in der Schweiz auftreten: Dort hat der Bundesrat beschlossen, die schweizerische Wasserwirtschaftskommission zu einer Energiewirtschaftskommission auszubauen und sie zur Beratung der Ämter für Wasser- und Elektrizitätswirtschaft über alle sie betreffenden Fragen laufend heranzuziehen. Etwas straffer zieht der neu gegründete westdeutsche Staat die Zügel an, der vorerst noch das Energiewirtschaftsgesetz vom 13. 12.

1935, das als Lenkungsgesetz verfaßt ist, anwendet. Die früher bestandene Aufsicht des Reiches übt der neue Staat weiter aus, der zwar nicht wirtschaftet, sondern nur aufsieht, sich das Auskunftsrecht aneignet — auch den Eigenanlagen gegenüber —, den Stromversorgungsunternehmen Anschlußpflichten auferlegt, beim Versagen der Betriebsführung diese einer anderen Rechtsperson überträgt, gegebenenfalls den Betrieb enteignet. Deutlich tritt in den USA. das Bestreben auf, die Großwirtschaft durch den Bund zu errichten und die Privatinitiative allmählich auszuschalten (s. ÖZE 3, H. 6, S. 177).

4. Fragen der Kapitalaufbringung

Es kennzeichnet die Elektrizitätsversorgung die besondere Höhe der erforderlichen Investitionssummen und das langsame Umsetzen des investierten Kapitals in etwa 4 bis 5 Jahren. Die Privatinitiative wird sich, soweit sie diese hohen Summen überhaupt aufzubringen in der Lage ist, hiezu nur dann entschließen, wenn sie einerseits den erzielbaren Gewinn als zufriedenstellend beurteilt und anderseits nicht die Gelegenheit hat, auf einem anderen Sektor der Gesamtwirtschaft höhere Gewinne zu erzielen. Diese Hinweise reichen zur Begründung aus, daß die Kapitalaufbringung durch, zumindest unter Aufsicht des Staates zu erfolgen hat, da dieser der verläßlichste Garant für aufgenommene Anleihen ist, diese am ehesten beschaffen kann und ihm ohnehin die Aufgabe obliegt, für die Bereitstellung der der Allgemeinheit unentbehrlichen Güter vorzusorgen. Es darf vorausgesagt werden, daß sich in der Zukunft das Bestreben, die Elektrizitätsversorgung der Privatinitiative zu entziehen und sie der öffentlichen Hand zu verantworten, allmählich verstärken wird.

Grundsätzlich ist an eine gesunde Gesamtwirtschaft die Forderung zu stellen, daß sich jede Teilwirtschaft selbst erhält, daß die Einnahmen die Ausgaben decken, wobei dem

Allgemeine Organisationsfragen

Staatsbürger Preise vorgeschrieben werden, die ihm den Genuß jedes Bedarfsartikels in dem angestrebten Ausmaß ermöglichen. Löhne und Gehälter sind durch diese Preise einerseits, durch den angestrebten Lebensstandard anderseits vorgezeichnet, ihre Einhaltung durch die Forderung nach Konkurrenzfähigkeit auf dem Weltmarkt eingeengt. Die Einhaltung dieser Forderungen muß das Bestreben jedes Elektrizitätswirtschafters sein. Soll die Elektrizitätsversorgung ein in diesem Sinne ausgeglichener Wirtschaftszweig werden, so sind tragbare und gerechte Strompreise zu erstellen, die nicht nur die Verzinsung und Tilgung der bei der Errichtung der Anlage aufgenommenen Anleihen gewährleisten, sondern auch Kapital für die erforderlichen Instandhaltungen und Erneuerungen bereitstellen. Ändert sich zwischenzeitig die Valuta, so sind die Rücklagen in Abhängigkeit vom Neuanschaffungswert der Anlageteile zu werten, und es ist nicht die bei der Investition bestandene Kaufkraft der Valuta heranzuziehen. Dieser Fehler wird nicht selten gemacht: In der Zeitschrift der Union des Exploitations Electriques en Belgique, H. 1, 1950, beleuchtet Snoeck das Ergebnis des ersten Finanzjahres der British Electricity Authority (des die Elektrizitätsversorgung in England besorgenden Staatsbetriebes): Der Anlagewert von 467,76 Mio £ wurde nur zu 50 % veranlagt, für Tilgung und Reserven wurden 30,61 Mio £, somit nur 6,6 % des Anlagewertes vorgesehen. Neuanschaffungen lassen sich nicht unter den Voraussetzungen der seinerzeitigen Errichtung tätigen. Snoeck ist der Meinung, daß die Preise hiefür auf das 2,5fache zu erhöhen sind. Es hätten somit für Tilgung und Reserven 75 Mio £ vorgesehen werden müssen, statt 30,61 Mio £, daher um 45 Mio £ mehr. Die Bilanz weist den Gewinn von 4 Mio £ aus. Tatsächlich hätte sie einen Verlust von 45—4 = 41 Mio £ aufscheinen lassen sollen. Aus diesen Zahlen leitet der Verfasser ab, daß die in England getätigten Stromverkaufspreise viel zu niedrig sind und daß sich bei der Außerinbetriebnahme wegen Veralterung der Anlage durch das Fehlen ausreichender Reserven das Unternehmen von einer ungünstigen, in ihren Folgen nicht zu übersehenden Lage befinden wird.

5. Verstaatlichung, Sozialisierung

Die *Verstaatlichung* ist die vorgetriebene, bereits in den ersten Anfängen der Elektrizitätsversorgung begonnene Kommunalisierung und bezweckt, die Elekrizitätsversorgung und ihre Einrichtungen der öffentlichen Hand zu überantworten. Die Einstellung zur Frage der Verstaatlichung sollte allein von sachlichen Erwägungen heraus erfolgen und ihre Anerkennung oder Ablehnung niemals das Ergebnis der Austragung von Machtfragen sein. Es sei hier nicht ihre Berechtigung erläutert, sondern nur die Begründungen ihrer Verfechter und Gegner ohne jedwede Stellungnahme gegenübergestellt.

Der Verstaatlichungsgedanke wird von seinen *Anhängern* wie folgt begründet:

1. Als ein lebensnotwendiger Gebrauchsartikel, wie Nahrungsmittel und Kleidung, muß die elektrische Energie in ihrer Erzeugung und Verteilung gesteuert und überwacht werden, um den auftretenden Bedarf gerecht zu decken. Dies um so mehr, als der Monopolcharakter des Stromes keine von sich aus erfolgende, durch den Wettbewerb gesteuerte Erzeugung und Verteilung gewährleistet. Zu dieser Steuerung ist die öffentliche Hand berufen.

2. Der Monopolcharakter birgt die Gefahr der Übergriffe, insbesonders bei der Preisbildung, aber auch bei den sonstigen Voraussetzungen der Belieferung in sich. Die größte Gewähr für die Vermeidung solcher Übergriffe bietet der Staat.

3. Der Staat ist an erster Stelle befähigt, die großen Investitionssummen aufzubringen, die der Ausbau der Elektrizitätsversorgung bedingt. Er ist die kreditwürdigste Person. Die Privatinitiative fühlt sich zur Stromversorgung ohnehin nicht angezogen.

4. Am wirtschaftlichsten ist die Stromerzeugung, wenn sie in Großkraftwerken erfolgt, die nur der Staat errichten kann, da die Elektrizitätsversorgungsunternehmen mit ihren engen Konsumgebieten und ihren beschränkten Geldmitteln hiefür nicht in Frage kommen.

5. Das Interesse der Allgemeinheit wird niemals von der Privatinitiative gewahrt, da diese vor allem tunlichst hohe Gewinne anstrebt; es kann nur vom Staat gewahrt werden.

6. Die Verstaatlichung bietet die Gewähr dafür, daß der Ertrag der Elektrizitätsversorgungs-Unternehmen der Allgemeinheit zur Verfügung gestellt wird.

Gegen die Verstaatlichung wird folgendes vorgebracht:

1. Der Beamte des Staates ist zum Verwalten berufen. Das Lenken der Elektrizitätsversorgung setzt aber wirtschaftliches Denken und Handeln voraus. Dazu ist der Staatsbeamte nicht erzogen und er muß daher zwangläufig versagen. Verstaatlichung führt somit zur Bürokratisierung der Betriebe.

2. Die Gefahr des Mißbrauches der Monopolstellung ist durch die Verstaatlichung nicht behoben. Es kann ebenso der Staat die Strompreise hinaufsetzen, um z. B. Defizite anderer Unternehmen zu decken (s. Frankreich unter D 3).

3. Das Ausschalten des Mißbrauches der Monopolstellung läßt sich auch auf anderem Wege erzwingen, z. B. durch die Überwachung des Monopolbetriebes durch den Staat.

4. Die Elektrizitätsversorgung konnte in manchen Staaten stark vorgetrieben werden, ohne daß zur Verstaatlichung oder zu ähnlichen Maßnahmen gegriffen worden wäre.

5. Soll die Verstaatlichung vollkommen sein, so müssen auch die bestehenden Einrichtungen in den Besitz des Staates übergehen. Diese Bedingung ist mit der Durchführung von Enteignungen verknüpft, die grundsätzlich abzulehnen sind.

6. Die Fähigkeit des Staates, Kapital aufzubringen, wird gewöhnlich überschätzt. Der kleine Sparer ist nicht gewillt, der Geldgeber des Staates zu werden. Sobald dieser zur Ver-

staatlichung schreitet, so entschädigt er nicht den Sparer, sondern wandelt seine Schulden um; der Sparer tritt ein Valuta-Risiko statt eines Industrie-Risikos ein. Beim Abgleiten der Valuta zahlt der Staat in entwerteter Währung seine Schulden zurück.

Die Nachzeit des zweiten Weltkrieges brachte eine weitere Tendenz in der Elektrizitäswirtschaftspolitik in Erscheinung: *Die Sozialisierung*, welcher Ausdruck keinen einheitlichen Begriff beinhaltet; hiemit ist jedoch keinesfalls die Kommunalisierung, noch die Verstaatlichung oder die Entprivatisierung zu verstehen. Im allgemeinen wird der Bezeichnung „Sozialisierung" der folgende Begriff zugewiesen:

1. Wahrung des Rentabilitätscharakters der Elektrizitätsversorgung, indem diese nicht verwaltet, sondern volkswirtschaftlich richtig gelenkt wird;

2. der Betrieb muß sich selbst erhalten, d. h. die Einnahmen haben zumindest die Ausgaben zu decken;

3. die Lenkung hat auf die Befriedigung der Bedürfnisse der Allgemeinheit abzuzielen, nur an zweiter Stelle ist ein Nutzen anzustreben;

4. Anpassung der Strompreise an die wirtschaftliche Leistungsfähigkeit des Stromverbrauchers;

5. die erzielten Gewinne haben der Allgemeinheit zugute zu kommen;

6. das Personal des Versorgungsunternehmens ist ausreichend zu besolden. Es ist für eine würdige Existenzmöglichkeit zu sorgen.

B. Wirtschaftspolitische Fragen

1. *Elektrizitätswirtschaftspolitik und Tarifpolitik*

Unter *Elektrizitätswirtschaftspolitik* wird die Gesamtheit aller organisatorischen und technischen Maßnahmen verstanden, die bezwecken, Erzeugung und Bedarf in Einklang zu bringen und der elektrischen Energie jenen Verbrauch zu sichern, der ihrer Bedeutung zukommt. Ein Sonderabschnitt derselben ist die *Tarifpolitik*, die sich auf die Frage des Verkaufspreises beschränkt. Die ergriffenen wirtschaftspolitischen Maßnahmen werden von der Denkungsart, die sich das Versorgungsunternehmen zurechtlegte — örtliches, überörtliches oder großräumiges Denken — beeinflußt. Bei örtlicher Stromverteilung wird die Politik das Erfassen aller Konsumenten anstreben und andere Energieformen auszuschalten trachten. Das überörtliche Denken wird das Sichern von Wasserrechten anstreben usw. Bei großräumigem Denken wird die Erschließung der wirtschaftlich günstigsten Energiequellen angestrebt werden usw. Darüber hinaus hat die Elektrizitätswirtschaftspolitik die Grundsätze festzulegen, welche der Katalogisierung der Stromverbraucher für erforderlich werdende Abschaltungen u. dgl. zugrunde zu legen sind. Durch die eingeschlagene Tarifpolitik soll einerseits die Betriebsführung wirtschaftlich optimal erfolgen und anderseits das allgemeine Interesse — Erhaltung der Konkurrenzfähigkeit des Konsumenten — gewahrt werden.

Unter wirtschaftlich optimalem Betrieb ist die bestmögliche Übereinstimmung der Kurve der möglichen Leistungsabgabe und des Leistungsverbrauches zu verstehen. Die tarifarischen Maßnahmen haben somit die Verbrauchskurve im angedeuteten Sinne zu verformen, den Stromkonsumenten von den Belastungsspitzen in die Belastungssenken zu drängen. Hiebei müssen stets die Einnahmen des Werkes seine Ausgaben decken. Nur dann hat der Bezug von Strom für ein Industriewerk mit kalorischer Eigenanlage Interesse, wenn der Bezugspreis tiefer liegt als die Selbstkosten für die in der kalorischen Anlage erzeugte Energie.

Nachfolgend seien tarifarische Maßnahmen aufgezeigt, die einer zweckmäßigen Tarifpolitik zugrunde gelegt werden können:

1. Die Haushalte sind durch zeitlich gestaffelte Tarife an Arbeitstagen zu verhalten, alle Anwendungen — das Licht ausgenommen — von den Belastungsspitzen abzurücken;

2. der Konsum im allgemeinen, des Haushaltes im besonderen, ist durch direkte und indirekte Unterstützung zu fördern: Die Elektrizitätswerke sollen den Bezug elektrischer Geräte ermöglichen, die Erzeuger solcher Geräte sollen zur Lieferung zu erleichterten Bedingungen, z. B. zu Ratenzahlungen, verhalten werden;

3. soweit Grundgebührentarife Anwendung finden, sind sie in Übereinstimmung mit den Absichten des Unternehmens auszulegen: Bei Stromknappheit ist der Grundpreis tunlichst niedrig, der Arbeitspreis tunlichst hoch zu erstellen. Soll der Tarif absatzfördernd wirken, so ist der Grundpreis höher, der Arbeitspreis tunlichst niedrig festzulegen;

4. aus sozialen Rücksichten soll der Lichtstrompreis keinesfalls zu übermäßigem Sparen zwingen, denn zu schwache Lampen gefährden das Augenlicht;

5. der Zahlungsfähigkeit der Stromverbraucher ist Rechnung zu tragen. Es sind günstige Kleinstabnehmertarife festzulegen und dort, wo der Lichtstrom den Charakter eines Luxusgegenstandes annimmt (Verwendung unnötig vieler Lampen) kann der Strompreis angezogen werden;

6. zwingt die Energielage zu Abschaltungen und Einschränkungen, so ist die volkswirtschaftliche Bedeutung der Stromverwendung entsprechend zu berücksichtigen: Lebenswichtige Betriebe sind an letzter Stelle Stromeinschränkungen zu unterwerfen, Stromabschaltungen haben vorwiegend Luxusbetriebe zu treffen. Unter allen Umständen ist die Vollausnützung nicht kumulierbarer Energieträger anzustreben.

2. Die Verbundwirtschaft

In den Anfängen der Elektrizitätsversorgung wurde stets von einem gegebenen, zumeist engen Versorgungsgebiet ausgegangen und für dieses eine Stromerzeugungsanlage errichtet. Hiefür eigneten sich die mit einem kumulierfähigen Energieträger betriebenen Werke oder eine unweit des Ver-

Wirtschaftspolitische Fragen   111

sorgungsgebietes gelegene Wasserkraft. Schon in diesen Anfängen findet sich das Errichten zweier Werke für das gleiche Konsumgebiet vor, z. B. ein zentral gelegenes Dieselwerk oder Kohlenkraftwerk und ein unweit des Versorgungsgebietes errichtetes Wasserkraftwerk, gewöhnlich ein Laufkraftwerk. Es wurde von der gegenseitigen Aushilfsmöglichkeit der zwei Werke Gebrauch gemacht und somit die allgemein als *Verbundbetrieb* bezeichnete Betriebsführung angewandt. In einem solchen Fall kann von einem *lokalen* Verbundbetrieb gesprochen werden. Optimale Wirtschaftlichkeit ist hiebei nur dann zu erreichen, wenn nicht nur die Kraftwerke der öffentlichen Versorgung, sondern auch die Werke der sonstigen Unternehmen, z. B. die Kraftwerke der Industrie, in den Verbundbetrieb einbezogen werden.

Mit zunehmender Elektrifizierung wurden größere Gebiete als einheitliche Versorgungsgebiete aufgefaßt und die in diesen errichteten Kraftwerke verbundbetrieben. Ein solcher Betrieb kann als *regionaler Verbundbetrieb*, die die Kraftwerke verbindenden Leitungen als Regionalsammelschienen bezeichnet werden. Wenn nun der weitere Ausbau der Elektrizitätsversorgung die Errichtung neuer Kraftwerke, insbesondere von Großkraftwerken bedingte, so war damit die Erfassung noch größerer Gebiete als einheitliche Versorgungsgebiete, z. B. eines Staatsgebietes, verbunden. Die die Großkraftwerke verbindenden Leitungen wurden zu Staatssammelschienen, an welche auch die regionalen Verbundbetriebe angeschlossen wurden. Soweit die regionalen Versorgungsunternehmen hiemit den Charakter eines selbständigen Stromversorgungsunternehmens verloren, war dieser Verlust im technischen und wirtschaftlichen Interesse gelegen. Hiedurch hatten sie ebenso wie die lokalen Unternehmen ihre Souveränität nicht einzubüssen: Ihre Wünsche nach der angestrebten Stromversorgung konnten hiedurch nicht nur respektiert, sondern weitergehend erfüllt werden.

Die weiter zunehmende Nachfrage nach Strom regte zu der zwischenstaatlichen *Großraumverbundwirtschaft* an. Ansätze hiefür finden sich in den Grenzflußkraftwerken, darunter in den deutsch-schweizerischen Rheinkraftwerken, im schweizerisch-französischen Kraftwerk Chatelot und in den österreichisch-bayrischen Innwerken bzw. im Donau-Kraftwerk Jochenstein. In diesem Zustande befindet sich heute die westeuropäische Eelektrizitätsversorgung. Es soll den energiereichen Staaten die Aufgabe übertragen werden, ihren Energieüberschuß den energiearmen Staaten zur Verfügung zu stellen. Eine solche Großraumwirtschaft läßt es ratsam erscheinen, die naturgegebenen Energiequellen als das Primäre, das Versorgungsgebiet als das Sekundäre aufzufassen. Für die Energieversorgung des europäischen Großraumes kommen die Erdgase, die Wasserkräfte der Alpen, die Braunkohle und die Steinkohle in Frage. Die erste Aufgabe einer europäischen Energiewirtschaftspolitik ist, Eignung und Mängel dieser Energiequellen gegenseitig abzuwägen. Durch ihren Ausbau müßten sich diese Energiequellen in ihrer Leistungsfähigkeit gegenseitig ergänzen. Teilweiser Ausbau hat unbedingt auf die volle Ausbaumöglichkeit, wenn diese der Zukunft überlassen bleibt, Rücksicht zu nehmen. Es darf z. B. kein Speicherwerk in einer willkürlich festgelegten Größe ausgebaut werden, es ist vielmehr die größte Speicherfähigkeit auszunützen. Die Schwankungen der Wasserkraft sind durch die Errichtung von Kraftwerken verschiedener Energieträger auszugleichen. Die Verwendung begrenzt vorkommender Energieträger ist zu vermeiden und diese sind jenen Verwendungszwecken zu überlassen, für die sie unentbehrlich sind. Nur dort sind kumulierfähige Energieträger heranzuziehen, wo sie für andere Zwecke unbrauchbar sind (Ballastkohle). Das gilt sowohl für die Braunkohle als auch für die Steinkohle.

Jedem dieser Energievorkommen ist ein Versorgungsgebiet zuzuweisen, nicht zu eng, um den gesamten erzeugten Strom absetzen zu können, nicht zu weit, um auch in der Zukunft den Strombedarf befriedigen zu können. Den fallweise laut werdenden Stimmen, die zur Erzielung dieses Zustandes Europa mit kreuz und quer verlaufenden Hochspannungssammelschienen ausstatten wollen, an welche die auszubauenden Großkraftwerke ihre Energie abliefern und an welche sich die Hauptkonsumenten anschließen, kann nicht vorbehaltlos zugestimmt werden. Die Kosten dieser Sammelschienen würden nur schwer in Einklang zu den erzielbaren Vorteilen zu bringen sein. Die Großraumwirtschaft wird den Betrieb, falls dieser wirtschaftlich optimal geführt werden soll, nicht als Verbundbetrieb, der den Leistungsaustausch extrem gelegener Kraftwerke zuläßt, führen, sondern auf das vorgeschlagene System des Load shifting übergehen. Dieses System führt das Problem des zwischenstaatlichen Energieaustausches auf Teilprobleme des nachbarstaatlichen Austausches zurück (s. ÖZE 3, H. 9, S. 239).

3. Die Kupplungsverbundwirtschaften

Das Bestreben, die Energieerzeugung wirtschaftlich optimal zu gestalten, liegt nicht nur der Elektrizitätswirtschaft zugrunde, es besteht bei allen Umformungen verfügbarer in praktisch anwendbare Energieformen. Dies regt an, die Umformungsverfahren so weit zusammenzulegen, daß sich wirtschaftlich Gesamtvorteile ergeben. Durch solche Zusammenlegungen ergeben sich die *Kupplungsverbundwirtschaften*. Unter diesen ist die Kupplungsverbundwirtschaft zwischen der Wärme- und der Elektrizitätserzeugung von besonderer Bedeutung. Hiebei handelt es sich um die Gewinnung von Heiz- und Fabrikationsdampf, in deren Zug auch elektrische Energie gewonnen wird. Charakteristisch den vorgeschlagenen und entwickelten Verfahren ist nicht die Wärme-, sondern die Dampfgewinnung, die ebensogut den Zweck verfolgen könnte, den von den Fabrikationsverfahren in Anspruch genommenen Dampf zu erzeugen. Die in ihren ersten Anfängen stehende Heranziehung des *Gases* bei der Stromerzeugung, wobei das Gas durch ein technisches Verfahren gewonnen wurde, kann nicht als Kupplungsverbundwirtschaft in der angedeuteten

Auslegung angesprochen werden, da das Verfahren der Gasgewinnung durch die angestrebte Stromgewinnung nicht beeinflußt wird. Das Gas ist hier eben nur der Energieträger der Stromgewinnung, weshalb seine Heranziehung hiefür an anderer Stelle zu besprechen war.

Bemerkenswert ist die von Schlenk (s. ÖZE 2, H. 4, 1949) gegebene Anregung: Die eigenen Dampfanlagen industrieller Betriebe, deren Energiebilanz nicht befriedigt, sind gelegentlich der notwendig gewordenen Erneuerung für gleichzeitige Heizdampf- und Stromgewinnung auszulegen. Der im Winter bestehende große Heizdampfbedarf ergibt eine Stromgewinnung, eben im Zeitraum der größten Stromknappheit. Der angedeutete Doppelzweck der Dampfanlage wird am besten durch die Aufstellung von Gegendruckanlagen erreicht.

Für die österreichischen Verhältnisse schätzt Schlenk bei einem Steinkohlenverbrauch von 600 000 t/Jahr die zu gewinnende Strommenge auf 400 Mio kWh pro Winter. Wie Ludwig in der ÖZE 1952, Heft 4, S. 190 nachweist, sind derzeit in Österreich bereits 100 Gegendruckanlagen mit einer installierten Leistung von 102 MW in Betrieb und 39 Anlagen mit 78 MW in Bau und Planung; die Jahreserzeugung der in Betrieb oder Bau befindlichen sowie noch ausbauwürdigen Gegendruckanlagen wird rund 674 GWh betragen (das sind 13,72 % der Jahreserzeugung 1950), wovon 514 GWh selbst verbraucht und 160 GWh (3,26 %) ins Netz eingespeist werden.

Praktische Bedeutung haben bereits die *Fernheizkraftwerke* erzielt, die ebenfalls die Heizdampf- und die Krafterzeugung zusammenlegen. Der Ausdruck „Fernheiz" ist dahingehend auszulegen, daß der Heizdampf nur an Objekte einer näheren Umgebung abgegeben wird. Einen Auftrieb erhalten die Bestrebungen zur Errichtung solcher Anlagen durch die sich ergebende Notwendigkeit, zahlreiche Städte zur Gänze oder zumindest Stadtteile neu aufzubauen. Die Betriebsergebnisse der bereits in Verwendung genommenen Anlagen lauten günstig (s. ÖZE 3, H. 7, 1950). Die aufzuwendenden Investitionssummen verbleiben innerhalb zu verantwortender Grenzen. Es wurde errechnet, daß solche Anlagen die kWh mit einer Ersparnis von 0,35 bis 0,4 kg Steinkohle erzeugen können. Es ist allgemein bekannt, daß die Heizanlagen der Wohngebäude einen äußerst schlechten Wirkungsgrad aufweisen, der durch die zentrale Heizdampferzeugung verbessert werden kann. Für den Heizdampfverbraucher ergeben sich nicht geringe Vorteile: Sauberkeit, Entlastung durch den Entfall der Einzelheizung, Entfall der lästigen Detaillieferung des Brennstoffes und seiner Lagerung. Es darf daher dieser Kupplungsverbundwirtschaft eine weitgehende Anwendung vorausgesagt werden.

In Österreich ist nur *ein* Werk in teilweisem Betrieb: Das Fernheizwerk der Stadt Klagenfurt, über das Dr. Triplat wiederholt berichtete (ÖZE 2, H. 8, 1950, S. 214). Errichtet werden solche Anlagen im Staatsoperngebäude und am Platz des ehemaligen Arsenals. Projekte bestehen zur Errichtung einer Anlage in der Kai-Gegend der Stadt Wien.

C. Technisch-wirtschaftliche Fragen der Elektrizitätsversorgung

1. Der Lastverteiler

Das Führen eines Verbundbetriebes setzt eine einheitliche Lenkung voraus, die dem *Lastverteiler* übertragen wird. Er hat vorerst den Leistungsbedarf, der aller Voraussicht nach auftreten wird, zu ermitteln und die zu seiner Deckung erforderliche Maschinenleistung bereitzustellen. Er hat ferner dafür zu sorgen, daß auch ein etwaiger Mehrbedarf an Leistung gedeckt werden kann, d. h. er hat die erforderlichen Maschinenreserven bereitzuhalten. Reichen die verfügbaren Maschinenleistungen zur Bedarfsdeckung nicht aus, so hat er Stromsparmaßnahmen anzuwenden, d. h. Stromabschaltungen vorzunehmen.

Die Anordnungen des Lastverteilers müssen außer der technischen Zweckmäßigkeit und Betriebssicherheit auch die optimale Wirtschaftlichkeit des Betriebes gewährleisten. Die ersten (wie Frequenzhaltung, Spannungshaltung, Blindstromfluß, Technik der Erzwingung einer angestrebten Lastaufteilung) können nicht Gegenstand dieser Ausführungen sein, die sich auf die durch die optimale Wirtschaftlichkeit des Betriebes bedingten beschränken müssen. Es sei auf das Maiheft 1951 der ÖZE „Der Hauptlastverteiler der Verbundgesellschaft" hingewiesen, das den angedeuteten Fragenkomplex erschöpfend behandelt.

Große Verbundnetze setzen voraus, daß neben dem Hauptlastverteiler noch weitere Lastverteiler für die Teilgebiete eingesetzt werden. Ihnen obliegt die Erteilung von Anschlußbewilligungen sowie die Zuweisung einer der insgesamt verfügbaren angepaßten Energiemenge.

2. Die Beurteilung des Bedarfes und der verfügbaren Energien

Die Verbrauchskurven eines Netzes an zwei aufeinanderfolgenden Tagen gleichen Belastungscharakters (Wochentage Montag bis Freitag, Samstage, Sonn- und Feiertage) sind untereinander prozentuell um so weniger verschieden, je größer das Netz ist. Bei ausgedehnten Netzen ist es daher zulässig und allgemein gebräuchlich, dem jeweilig betrachteten Tage die Belastung des letzten Vortages gleichen Belastungscharakters zugrunde zu legen. Das Hinzukommen großer Stromverbraucher, wie Industrien, Werkstätten usw., wird gewöhnlich vorangezeigt und ermöglicht es, rechtzeitig die notwendigen Maßnahmen zu ergreifen. Je kleiner das Netz, um so größer die prozentuelle Schwankung der Belastung an zwei aufeinanderfolgenden Tagen, desto relativ größer muß die bereitzustellende Reserve an Maschinenleistung sein.

Der sich über einen bestimmten Zeitraum, z. B. einen Tag, erstreckende Verbrauch eines Netzes ist von zwei Gesichtspunkten aus zu untersuchen: Der Beurteilung der in Anspruch zu nehmenden *Leistung* ist die zu erwartende Leistungsspitze zugrunde zu legen, sie gibt die maximal zu erzeugende Leistung an, es müssen Maschinen einer Gesamt-

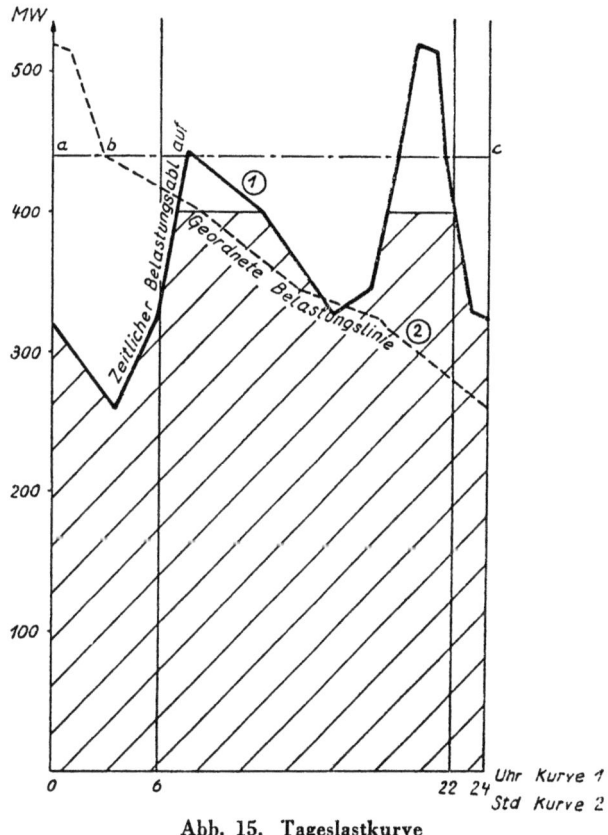

Abb. 15. Tageslastkurve

kapazität, die dieser Leistungsspitze entspricht, bereitgestellt werden. Der Beurteilung der zu erzeugenden *Arbeit* liegt der erfolgte bzw. zu gewärtigende Verbrauch in kWh zugrunde. Er setzt voraus bzw. bedingt die Bereitstellung einer ihm entsprechenden Energieträgermenge (Wasser, Kohle). Eine zweckmäßige und übersichtliche Gegenüberstellung des voraussichtlichen Verbrauches an kWh und der verfügbaren

Wassermenge soll den etwaigen Überschuß bzw. die Energiefehlmenge erkennen lassen. Es wurden mehrere Verfahren hiefür in Vorschlag gebracht, von welchen jedoch hier nur das neue und übersichtliche von Stephenson (s. ÖZE 3, H. 6, S. 161) besprochen werden soll. Stephenson geht von der Tageslastkurve aus (s. Abb. 15), d. i. die Aufzeichnung eines Wattmeters binnen 24 Stunden.

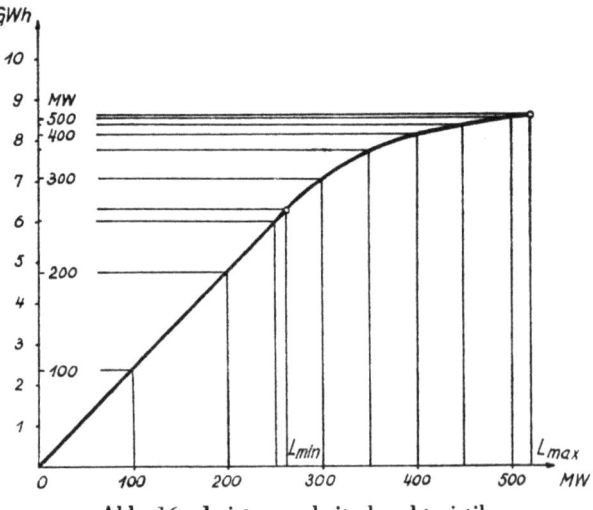

Abb. 16. Leistungsarbeitscharakteristik

Wird durch einen bestimmten, auf der Ordinatenachse angegebenen Wert eine Horizontale gezogen, so läßt sich die unter dieser Geraden von der Tageslastkurve eingeschlossenen Fläche planimetrieren. Die ermittelte Flächengröße ist ein Maß der Arbeit, welche die Leistungen bis zur betrachteten Leistungsgröße aufbringen. Diese Leistungen, für alle Leistungswerte ermittelt und in die Abb. 16 eingetragen, ergeben die Leistungsarbeitscharakteristik (Abb. 16, Abszisse: Leistung, Ordinate: Arbeit). Stephenson beschriftet die Ordinate außerdem mit jener Leistung, die jedem Arbeitswert gemäß dieser Kurve entspricht. Er ersetzt somit die Kurve durch eine Linie, die doppelt beschriftet ist, und zwar mit

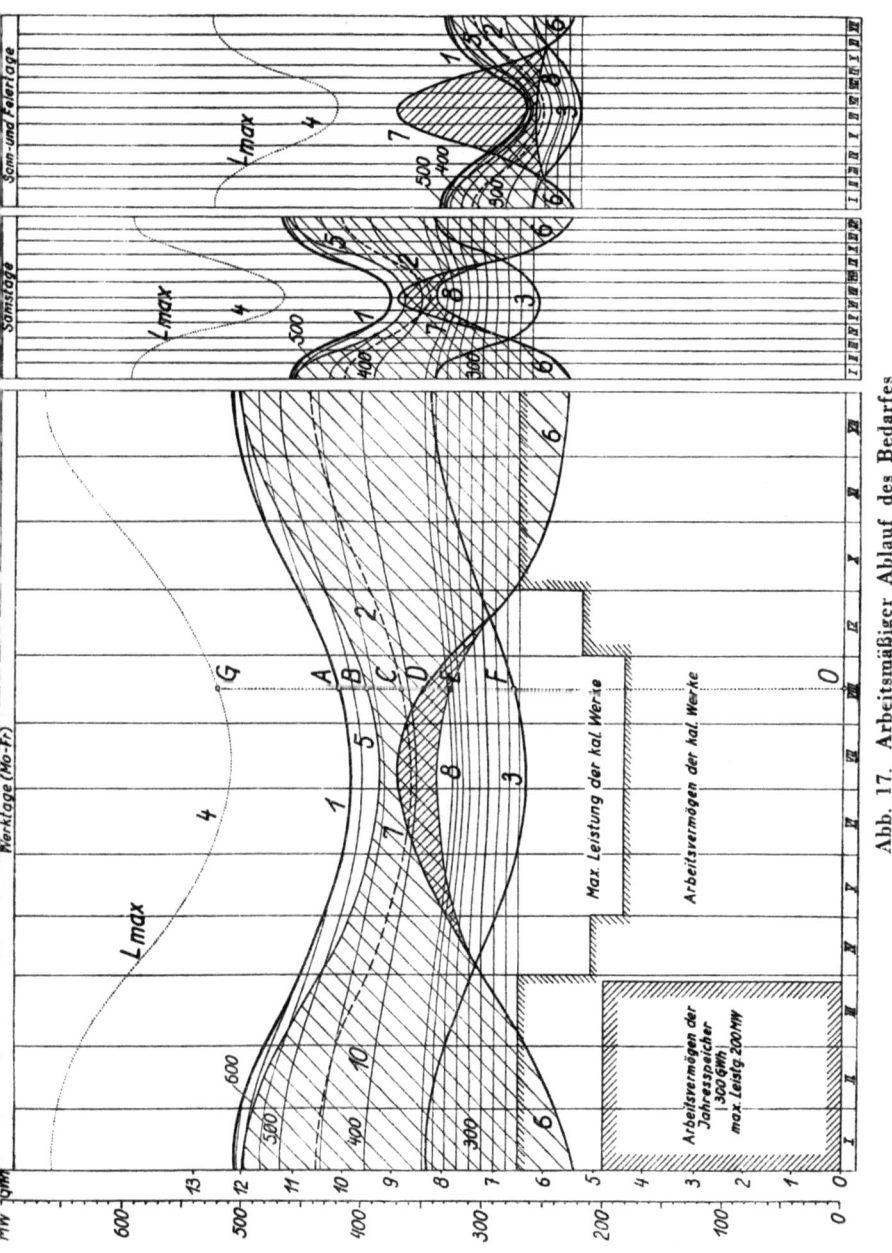

Abb. 17. Arbeitsmäßiger Ablauf des Bedarfes

einem linearen Arbeitsmaßstab und einem Leistungsmaßstab, welcher dem geordneten Belastungsverlauf entspricht. Durch Nebeneinanderzeichnung solcher Linien des Bedarfes und des Dargebotes lassen sich bereits für diesen Tag Überschuß und Bedarf beurteilen. Werden nun die Tagesbelastungslinien chronologisch nebeneinander angereiht und weisen diese den gleichen Maßstab für Leistung und Arbeit auf, so können die Kurven des arbeitsmäßigen Ablaufes des Bedarfes eingezeichnet werden (Abb. 17). Darüber hinaus können Leistungsschichtenlinien eingetragen werden und es läßt sich für jeden beliebigen Tag der Arbeitsinhalt bis zu jeder beliebigen Leistung ablesen. Durch Planimetrierung der Fläche zwischen Abszissenachse und einer Leistungslinie wird der Energieinhalt des Bedarfes bis zu dieser Leistung für das ganze Jahr erfaßt. Bedarfs- und Dargebotslinien aufeinander bezogen zeigen unmittelbar die Fehl- und Überschußmengen auf. Auf ihre leistungsmäßigen Größen kann aus dem Abstand der Schichtenlinien unmittelbar geschlossen werden.

Das besprochene Verfahren ist zweidimensional. Der Verbrauch läßt sich auch dreidimensional darstellen. Wird auf gleich starkem Karton in gleichem Maßstab die Tagesverbrauchskurve für die 365 Tage des Jahres gezeichnet und herausgeschnitten, ferner chronologisch aneinandergereiht, so ist der von diesen Abbildungen in Anspruch genommene Raum ein Maß für den Jahresverbrauch. Die hiedurch erhaltene Konstruktion wird *Belastungsgebirge* genannt. Eine zweite solche Konstruktion der verfügbaren Energiemengen läßt durch Gegenüberstellung Überschuß und Fehlbetrag beurteilen.

3. *Reihenfolge des Einsatzes der Kraftwerke und der Maschinensätze*

Die Einhaltung einer bestimmten Reihenfolge im Einsatz der Kraftwerke und Maschinen ist u. a. an die technische Durchführbarkeit eines solchen Einsatzes geknüpft. Seine Beurteilung ist nicht dem Elektrizitätswirtschafter, sondern dem Techniker übertragen. Vom wirtschaftlichen Standpunkt aus ist vor allem die vollständige Ausnützung der nicht kumulierfähigen Energieträger, also insbesondere des Wassers der Laufkraftwerke anzustreben. Kumulierfähige Treibstoffe sind nach dem Grad der Ersetzbarkeit heranzuziehen, d. h. es sind vor allem Maschinensätze, die Abfallkohle verwenden, auszunützen und erst an letzter Stelle solche, die hochwertige Kohle verbrauchen. Bewirtschaftete kumulierfähige Treibstoffe sind in der Reihenfolge ihrer Beschaffungsmöglichkeit heranzuziehen, d. h. die am schwersten zu beschaffenden Treibstoffe sind an letzter Stelle zu verwenden. Von zwei Maschinensätzen, die den gleichen Treibstoff verwenden, ist jene des besseren Wirkungsgrades einzusetzen usw.

Soweit ein Verbundnetz Energien aus selbständigen, an das erste angeschlossenen Netzen bezieht, wird wohl für den Lastverteiler der Kostenpunkt ausschlaggebend sein, d. h. er wird an erster Stelle Energie aus jenen Netzen beziehen, die ihm diese am billigsten zuliefern.

Die Frage des Einsatzes von Kraftwerken und Maschinensätzen ist mit der Frage der Bereithaltung ausreichender Reserven verbunden: Wasserturbinen können binnen ca. 1 Minute von Leerlauf auf Vollast übergehen. Hieraus darf jedoch nicht gefolgert werden, daß die Dampfturbinen die Grundbelastung, die Wasserkraft die Spitzenlasten zu liefern haben. Es haben vielmehr die Laufkraftwerke die Grundlast, die Speicherwerke, gegebenenfalls die Schwellwerke die Spitzen zu decken. Bezüglich des Vorsorgens für ausreichende Reserven ist zu bemerken, daß zwei Wege gangbar sind: Es wird die nächste Maschine oder das als nächstes in Aussicht genommene Kraftwerk erst dann in Betrieb genommen, bis die bereits betriebenen Maschinen oder Werke voll belastet sind. Dieser Weg ist im Großverbundbetrieb der gangbarere, obwohl sich fallweise Widersprüche mit den bisher aufgezählten Regeln ergeben können, wenn z. B. die nächste einzusetzende Maschine eine Dampfmaschine ist, die mit angeheiztem Kessel bereitstehen muß, ohne vorerst Leistung abzugeben. Ein weiteres Verfahren ist dasjenige der verteilten Reserve: Die Maschinen werden nur mit Teillasten betrieben, tunlichst mit dem optimalen Wirkungsgrad, Laststeigerungen werden auf mehrere oder alle Machinen etwa gleichmäßig aufgeteilt.

Ist das Wasserdargebot unzureichend und die thermische Kraftreserve zu gering, um den Leistungbedarf voll zu dekken, so besteht wohl innerhalb enger Grenzen die Möglichkeit, gleichzeitig Spannung und Frequenz zu senken, von welchem Mittel jedoch nicht gerne Gebrauch gemacht wird, da sich nicht nur für den Verbraucher, sondern auch für das Kraftwerk betriebliche Nachteile ergeben (durch das langsamere Laufen der Maschinen werden diese nur mangelhaft gekühlt).

4. Stromsparmaßnahmen

Es lassen sich zwei Arten solcher Maßnahmen unterscheiden: a) allgemein verlautbarte und regelmäßig angewandte Maßnahmen zum Abdrängen eines bestimmten Konsums von der Belastungsspitze (Leistungsknappheit) und b) fallweise angewandte Maßnahmen, bedingt durch Energieknappheit (Wassernot, Unterbindung der Kohlenzufuhr u. dgl.).

Zu den unter a) aufgezählten Maßnahmen zählt auch die Zweifachtarifierung bestimmter Verbraucherkategorien, z. B. der Lichtstromabnehmer und die Sperrung bestimmter Konsumenten in vorgezeichneten Zeiten, z. B. der Großheißwasserspeicher während des Tages, der Backöfen während der Lichtspitzen usw. Die hiefür erforderlichen Aus-, Ein- und Umschaltungen erfolgen durch Schaltuhren. Ist dem Elektrizitätswerk daran gelegen, die Verbrauchszeiten für eine kürzere oder längere Zeitdauer, z. B. über einen durch reiches Wasserdargebot gezeichneten Monat abzuändern, so könnte dies nur durch Änderung der Einstellung der Schaltuhren erfolgen, die jedoch umständlich und zeitraubend ist. Es wurden deshalb Einrichtungen entwickelt, die die Verbraucher zentral fernsteuern. Diese Einrichtungen ermöglichen die Steuerung von Mehrfachtarifzählern der Straßenbeleuchtung, der Beleuchtung öffentlicher Lokale, der Schaufenster und Treppenhäuser, die Durchgabe von Alarmen für Feuerwehr, Polizei u. dgl. Die Zentralsteuerungsanlagen ziehen hochfrequente Energien heran, die dem Betriebsstrom überlagert werden. Werner hat nachgewiesen, daß, wenn nur neun der größten städtischen Netze Österreichs die zentrale Fernsteuerung anwenden würden, sie in wenigen Jahren ihre Spitzenlast um $10\,\%$ senken und die Errichtung eines 30-MW-Kraftwerkes erspart werden könnte. Die Anschaffungskosten dieser Fernsteuerungen betrügen nur einen Bruchteil der Kosten für die Errichtung des Werkes (s. ÖZE 3, H. 7, S. 193). Die unter b) aufgezählten Maßnahmen bestehen in der Abschaltung bestimmter Verbraucher in energieknappen Zeiten, z. B. in Wintermonaten mit geringem Wasserdargebot. Mustergültig ist die vom Bundeslastverteiler in Österreich angewendete Praxis der Stromsparmaßnahmen.

Schlußwort

Die Aufgabe einer sinnvollen Elektrizitätsversorgung ist darin zu erblicken, den Lebensstandard der Bevölkerung zu heben, indem die elektrische Energie einerseits zur unmittelbaren Eigenverwendung, anderseits als Rohstoff für die Erzeugung aller, einen gehobenen Lebensstandard vermittelnden Verbrauchs- und Kulturgüter bereitgestellt wird. Die Elektrizitätsversorgung auszubauen entspringt somit auch einer kulturellen Verpflichtung.

Die Stromversorgung eines abgeschlossenen, z. B. eines Staatsgebietes, darf erst dann als „gesättigt" bezeichnet werden, wenn alle Teile der Bevölkerung, alle Betriebe usw. von ausnahmslos allen Stromanwendungsmöglichkeiten restlos Gebrauch machen. Kein Staat der Welt hat diesen Sättigungspunkt erreicht. Es dürfen aber Unterschiede im Abstand vom Sättigungspunkt gemacht werden. Je näher ein Staat dem Sättigungspunkt ist, desto vorsichtiger wird er den Ausbau seiner Elektrizitätsversorgung durchführen müssen. Er wird sich somit den Absatz der Erzeugung einer Neuinvestition sichern müssen, bevor er an diesen Ausbau schreitet. Im Gegenfalle könnte er „Fehlinvestitionen" machen. Die Voraussetzung hiefür trifft jedoch nur ausnahmsweise zu: Die Regel ist der an Energienot leidende Staat. Ein solcher Staat ist gezwungen, die geeignetsten Energiequellen sinnvoll auszunützen, um vorerst den bestehenden Bedarf — nicht den erst zu schaffenden — zu befriedigen. Nützt ein an Energienot leidender Staat die günstigsten Energiequellen bis zur Befriedigung des bestehenden Bedarfes aus, so setzt er sich nicht der Gefahr aus, eine „Fehlinvestition" durchzuführen. Es sind dann eben diese Quellen „ausbauwürdig", der durch sie bestimmte Strompreis ist der anzuerkennende „Marktwert", auch dann, wenn er den erwarteten Wert überschreitet. Das sonstige Preisgefüge hat sich ihm anzupassen.

Die Befriedigung dieses Grundbedarfes bedingt aktives Handeln und nicht das Ausfindigmachen schwacher Punkte der zur Ausführung bestimmten Projekte. Dem ausführenden Techniker bleibt es niemals erspart, daß die Kritik nachträglich eine bessere Lösung zu wissen vorgibt. Möge sie noch so überzeugend auftreten, eine verwirklichte Lösung ist besser als eine überlegener durchdachte, jedoch nicht verwirklichte Lösung.

Die grundlegende Voraussetzung für den Ausbau einer Elektrizitätsversorgung ist das Vorhandensein von Energien in einer naturgegebenen Form, die sich zur Umformung in die elektrische eignet. Sich reich zu dünken, weil solche Energien von der Natur bereitgestellt wurden, ist verfehlt. Der Reichtum muß erst durch die Umformung erworben werden. Die Fähigkeit des Technikers, diese Umformung durchzuführen, ist wohl eine unerläßliche, jedoch keinesfalls ausreichende Vorbedingung zum Reichtum. Dieser Hinweis

Schlußwort

zeigt die Tragik des Technikers auf: Er tritt erst dann in Tätigkeit, wenn ihm der Finanzmann die Mittel hiefür zur Verfügung stellt. Er ist somit dazu verurteilt, nur das ausführende Organ des letzten zu sein.

Die Erzeugung, Fortleitung und Verteilung der elektrischen Energie nimmt große Kapitalien in Anspruch und es ist die Aufbringung derselben die am schwierigsten zu lösende Aufgabe. Das Interesse an der Elektrizitätsversorgung, das die Produzenten und Konsumenten zu bekunden vorgeben, soll durch Mithilfe an der Überwindung der größten Schwierigkeit, der Geldbeschaffung, bekundet werden. Sie soll und kann auch zum Teil durch den Strompreis erfolgen, denn die Einrechnung eines nur geringen Anteiles in diesen Preis für Investitionszwecke belastet den Konsumenten nur wenig, sie macht sich aber für den Produzenten leicht bald bemerkbar: Ein Strompreisanteil von nur 1 g/kWh ergibt bei einer Erzeugung von nur 1 GWh eine Mehreinnahme von 10000 S!

Das Interesse an der Elektrizitätsversorgung soll sich auch nicht durch das Wälzen nichtrealisierbarer Projekte bekunden. Der Allgemeinheit ist auch mit der Errichtung eines Kleinkraftwerkes sehr gedient, das ein naturgegebenes Energievorkommen sinnvoll ausnützt, d. h. das die Konzepte der großangelegten, optimalen und vollständigen Ausnützung aller Energievorkommen nicht stört.

Über die von der österreichischen Elektrizitätswirtschaft bisher eingeschlagenen und in der Zukunft erfolgversprechend einzuschlagenden Politik s. O. V a s, Wege und Ziele der österreichischen Elektrizitätswirtschaft in ÖZE. 1952, Heft 1, 2, 3 und 5.

Sachverzeichnis

Abrechnung elektr. Energie 93.
Abschreibung 64
Anteil elektr. Energie an Gütererzeugung 36.
Gestehungskosten 94.
Arbeit 20.
Arbeitssummenkurve 59.
Ausbauwürdige Anlagen 45.
Ausnützungsfaktor 56.

Ballastkohle 53.
Bedarf 44, 116.
Belastungskurve 57.
Betriebskosten 69, 72.
Blindstrom 25, 96.
Brennstoffe 6.
Brennstoffkosten 69, 72.
Brennstoffverbrauch 70.

$\cos \varphi$ 25.

Dampfmaschine 7.
Dampfturbine 7.
Dauerlinie 59.
Dezentralisierte Lenkung 102.
Dieselmotor 9.
Dividende 66.
Drehstrom 22.

Einheitstarif 79.
Einphasenstrom 21.
Elektrische Grundbegriffe 20.
Elektrizitätswirtschaft 40.
Elektrizitätswirtschaftliche Denkungsarten 41.
Elektrizitätswirtschaftspolitik 108.
Energiebedarf s. Bedarf.
Energiequellen 44.
Energieverbrauch s. Verbrauch.
Erzeugung elektr. Energie 4.
Exportstrompreise 95.

Fernheizkraftwerke 114.
Feste Kosten 66.
Fortleitung elektr. Energie 32.
Frequenz 21.

Gasförmige Energieträger 44, 54.
Gasmaschine 9.
Gasturbine 10.
Gleichstrom 20.
Großraumwirtschaft 41, 111.
Grundpreistarif 76, 82.

Heißluftturbine 10.
Heizwert 51, 55.

Investitionskosten 51, 54, 71, 74.

Kalorisches Kraftwerk 13.
Kapitalaufbringung 104.
Kapitaldienst 66.
Kapitalkosten 66.
Kohle 44, 51.
Konsum 44.
Konsumentengruppe 56, 60.
Konsumentenverband 100.
Kostendeckende Preise 93.
Kraftwerkskette 48.
Kundendienst 93.
Kupplungsverbundwirtschaft 113.

Lastverteiler 43, 115.
Laufwerk 48.
Leistung 20.
Leistungsabhängige Kosten 66.
Leistungsfaktor = $\cos \varphi$
Leistungssummenlinie 60.
Leistungstarif 76.
Lenkung der Wirtschaft 101.
Load shifting 113.

Maximumzähler 39.
Mehrfachtarifzähler 39.

Sachverzeichnis

„Neue" und „alte" Anlagen 72.
Nutzenschätzung 62.
Organisationsfragen 99.
Ortsgebundenes Denken 41.

Pauschaltarif 80.
Privatinitiative 101.
Pumpwerke 49.

Reihenfolge des Kraftwerkseinsatzes 120.
Rücklagen 64, 68.

Sammelschienen 33, 42.
Sättigung der Stromversorgung 123.
Scheinverbrauchszähler 40.
Schwellwerke 48.
Sondertarif 82.
Sozialisierung 106.
Speicherwerke 49.
Spezifischer Stromverbrauch 37.
Spitzenanteilverfahren 61.
Staffeltarif 82.
Stromerzeuger 12.
Stromerzeugungskosten 66.
Stromfortleitungskosten 73.
Strompreisgestaltung 61.
Stromsparmaßnahmen 122.
Stromtarifsysteme 65, 74.
Stromverteilungskosten 73.

Tarife 74, 84, 100.
Tarifermittlung 86.
Tarifpolitik 108.
Technik der Stromversorgung 4.
Transformation 31.

Überörtliches Denken 41.
Überschußenergie 57.
Überverbrauchszähler 40.

Verband von Elektrizitätswerken 100.
Verbrauch = Konsum.
Verbundwirtschaft 110.
Versorgungsgebiet 41.
Verstaatlichung 106.
Verteilung elekt. Energie 32.
Verwertung elekt. Energie 34.

Wasserkraft 44, 46.
Wasserkraftanlage 18.
Wasserkraftmaschine 16.
Wechselströme 21.
Wertgerechte Preise 93.
Wirkleistung 29.

Zähler 38.
Zähleranzeigekurve = Arbeitssummenkurve.
Zählertarif 81.
Zeittarif 80.
Zentrale Wirtschaftslenkung 102.

MIX
Papier aus verantwortungsvollen Quellen
Paper from responsible sources
FSC® C105338

If you have any concerns about our products,
you can contact us on
ProductSafety@springernature.com

In case Publisher is established outside the EU,
the EU authorized representative is:
**Springer Nature Customer Service Center GmbH
Europaplatz 3, 69115 Heidelberg, Germany**

Printed by Libri Plureos GmbH
in Hamburg, Germany